典型砷污染地块
修复治理技术及应用

吴文卫　毕廷涛　杨子轩　关清卿　编著

北　京
冶　金　工　业　出　版　社
2020

内 容 提 要

本书是作者在总结近年来实施的砷污染地块治理与修复项目的科研成果与工程实践的基础上完成的，主要介绍了砷污染地块的污染来源、调查评估、修复治理技术及修复治理效果评估等。砷污染地块概述中，主要介绍了砷污染场地的污染来源、砷污染物的环境行为和场地环境调查与评估。修复治理技术中，主要介绍了固化/稳定化安全处置技术、水泥窑协同处置技术及广域砷污染地块植物修复技术等。砷污染场地块修复治理效果评估中，主要介绍了现行的效果评估体系、方法等。此外，书中包含大量应用实例，便于读者理解。

本书可供从事污染地块修复治理工程设计、管理和相关科技人员阅读。也可供大专院校有关专业师生参考。

图书在版编目(CIP)数据

典型砷污染地块修复治理技术及应用/吴文卫等编著.—北京：冶金工业出版社，2020.6
ISBN 978-7-5024-8153-7

Ⅰ.①典… Ⅱ.①吴… Ⅲ.①砷—土壤污染—修复—研究 Ⅳ.①X53

中国版本图书馆 CIP 数据核字(2020)第 089402 号

出 版 人 陈玉千
地 址 北京市东城区嵩祝院北巷 39 号 邮编 100009 电话 (010)64027926
网 址 www.cnmip.com.cn 电子信箱 yjcbs@cnmip.com.cn
责任编辑 郭冬艳 美术编辑 郑小利 版式设计 禹 蕊
责任校对 郑 娟 责任印制 李玉山
ISBN 978-7-5024-8153-7
冶金工业出版社出版发行；各地新华书店经销；三河市双峰印刷装订有限公司印刷
2020 年 6 月第 1 版，2020 年 6 月第 1 次印刷
169mm×239mm；7.75 印张；147 千字；113 页
59.00 元
冶金工业出版社 投稿电话 (010)64027932 投稿信箱 tougao@cnmip.com.cn
冶金工业出版社营销中心 电话 (010)64044283 传真 (010)64027893
冶金工业出版社天猫旗舰店 yjgycbs.tmall.com
(本书如有印装质量问题，本社营销中心负责退换)

前　言

类金属砷因其具有致癌和诱变作用而“臭名昭著”，被国际癌症研究机构（IARC）等组织列为第一类致癌物质。砷与其化合物广泛应用于合金、农药、防腐剂制造以及制药等领域，但在矿石开采和冶炼过程中，将砷不可避免的释放到环境中，尤其是进入到土壤中，形成了大量的砷污染地块。

据统计，世界上许多国家和地区都存在不同程度的砷污染地块，中国土壤中砷浓度的平均值为11.2mg/kg，约为世界平均值（6mg/kg）的2倍，土壤砷污染问题突出。尤其是在新疆、广西、湖南、云南、湖北等地，砷污染事件频发，对当地的土壤和地下水造成严重威胁，砷污染过的土壤会直接或间接地影响人体健康，成为一条重要的砷暴露途径。因此，砷污染地块治理与修复势在必行。

砷污染作为一个全球性问题，已成为世界各国的研究热点和挑战，各类技术在不断探索发展中，本书详细介绍了砷污染地块的环境风险调查与评估方法、不同类型砷污染地块的修复治理技术与案例解析，以及现行的修复治理效果评估体系等全过程的修复治理策略。

本书共分5章，是作者在总结近年来实施的砷污染地块治理与修复项目的科研成果与工程经验的基础上完成的。第1章主要论述了砷污染场地污染来源、成因及影响，重点介绍了目前砷污染地块风险调查与评估方法（陈柯臻、吴文卫、杜彩东编写）。第2章主要介绍了固化/稳定化安全处置砷污染地块技术、效果评价及其案例（杜彩东、毕廷涛、陈柯臻编写）。第3章主要从国内外水泥窑协同处置废物技术现状，水泥窑协同处置砷污染物的特点与优势、处置产品环境安全评价以及应用案例来介绍水泥窑协同处置砷污染物技术与应用（杨子轩、吴文卫、毕廷涛编写)。第4章主要介绍了砷污染地块植物修复技术、砷富集植物的种类以及砷富集植物后续处理，重点描述了广域砷污染地块植物修复技术应用案例（杨子轩、孙晶、毕廷涛编写)。第5章详细总结了我国砷污染地块修复治理效果评估体系、方法（孙晶、杨子轩、关清卿编写)。全书由吴文卫负责校核和定稿工作。

本书在编写过程中得到冶金工业出版社的大力支持，同时得到了云南省生态环境科学研究院、中电建中南勘察设计研究院有限公司等的支持和帮助。在此，表示衷心的感谢！

由于编者水平有限，加上时间仓促，书中不足之处在所难免，敬请各位同仁批评指正！

吴文卫

2020年3月

目 录

1 砷污染地块概述

砷污染地块，指因堆积、储存、处理、处置或其他方式承载了砷及其化合物，对人体健康和环境产生危害或具有潜在风险的空间区域，该空间区域中有害物质的承载体包括与地块相关的土壤、地下水、地表水、环境空气、残余废弃污染物如生产设备和建筑物等。砷污染地块主要集中在重污染企业用地、工业废弃地、工业园区、固体废弃物集中处理处置地块、采矿区和污水灌溉区等。若不加以科学的管理及有效的防控措施，会对周边环境和人体健康造成严重威胁。

本章介绍了砷污染地块的污染来源、造成砷污染地块的成因及影响，对读者深入了解砷的特性及环境效应具有重要的理论意义。最后，重点介绍了砷污染地块环境调查和风险评估的原则、内容、程序和技术要求，以云南省某砷污染地块环境风险调查与评估作为案例，便于读者对砷污染地块环境调查和风险评估实际应用的理解，以期为后续砷污染地块的治理修复提供依据。

1.1 砷污染地块的污染来源

砷（Arsenic，As）的原子序数为33，相对原子质量74.92，在地壳中的丰度为1.5mg/kg，元素丰度排序为第20，含砷矿物达240多种，主要以硫化物的形态存在于地壳中。世界自然土壤的平均砷含量为9.36mg/kg，我国自然土壤中砷的背景值约为11.0mg/kg。砷是一种有毒的致癌微量元素，普遍存在于土壤中，土壤中的砷主要来源于成土母质，砷在土壤中的含量水平、分布特征和地球化学特性与环境因素紧密相关。在土壤中，自然成因的砷相对于成土母质有了明显的富集，然而这种富集通常不会对环境造成威胁，除一些土壤中含有雌黄和硫酸盐类的特殊富砷地区外。由于人类活动而释放到环境中的大量含砷物质，往往会造成砷污染。砷污染地块既经过地块环境调查与风险评估后确认为污染地块，且目标污染物主要为土壤重金属砷。

砷的来源主要分为自然存在和人类活动产生两类。

1.1.1 自然来源

砷广泛分布于环境中。地球表面所含砷的总量约为4.01×10^{16}kg，平均6mg/kg。砷的地球化学参数显示，3.7×10^{6}kt存在于海洋，其余9.97×10^{5}kt存在于陆地，25×10^{9}kt存在于沉积物，8.12kt存在于大气。

按照各种元素在不同体系中的含量排名，砷在地壳中的含量居第二十位，在海水中的含量居第十四位，在人体中的含量居第十二位。砷也是地壳的组成成分之一，据报道世界自然土壤中砷的平均含量并不高，大约为0.1~9μg/g，我国自然土壤中砷的平均含量大约为9.2μg/g，高于世界平均水平。

自然中的砷主要来源于经过物理化学风化作用后的矿物和岩石，同时，自然环境中的森林火灾、火山爆发、土壤侵蚀、微生物活动等也均会产生含砷物质。地壳中各种岩石矿物中的砷是土壤砷的主要天然来源。自然界中的含砷矿物可分为三大类：硫化物、氧化物及含氧砷酸盐矿物和金属砷化物。由于砷是亲硫物质，所以含砷矿物多以硫化物形式存在，常见的有雄黄（AsS/As_4S_4）、雌黄（As_2S_3）、毒砂（$FeAs_2$）、臭葱石（$FeAsO_4 \cdot 2H_2O$）等。据相关估计，全球每年因为海洋喷溅释放和岩石风化所释放的砷含量达（1.4~5.6）$\times10^5$kg。此外，全球每年通过人类活动向土壤中输入的砷总量为0.94$\times10^8$kg，大约2%来自工业和其它更小的污染源，3%来自农业，7%来自冶炼，10%来自尾砂，14%来自大气降尘，23%来自煤灰，41%来自商品。

目前已探明全球砷储量的70%分布在我国，而我国砷矿资源主要分布在西部和南方地区，其中广西、云南、湖南的砷储量分别达165.9万吨、94.8万吨和82.7万吨，占全国累计探明储量的61.6%。翁焕新等调查了我国4095个天然土壤样品，结果发现土壤中砷含量在0.01~626mg/kg之间，其中在2.5~335mg/kg之间的土壤样品占绝大多数，仅有5%的土壤样品含砷量较高。湖南郴州砷污染地区平均砷含量为64mg/kg，比全国平均土壤含砷量高2~25倍。李莲芳等调查结果表明，湖南省石门县雄黄矿周边土壤砷含量为10.3~932.1mg/kg，郴州市砷污染区域土壤中砷的含量高达300mg/kg，远远超过我国土壤中砷的污染背景值11.2mg/kg。自1951~2012年的60多年间，湖南省石门县雄黄矿矿区的砷慢性中毒者有1000多人，约400人死于砷中毒引起的各种癌症，其中肺癌患者近300人，癌症的发病率高居全国第二位。

1.1.2 人为来源

人类在利用自然资源的过程中，将砷释放到水、空气和土壤中，最终会影响动植物体内砷的残留量。因人类活动产生的砷主要来自于农业和工业生产，因此，土壤中砷的来源主要包括尾矿、燃煤以及含砷农药的使用等。污染土壤中砷的人为来源主要来自以下几个方面。

（1）含砷矿物的开采与冶炼将大量砷引入环境。

1）矿物焙烧或冶炼中，挥发砷可在空气中氧化成As_2O_3，而凝结成固体颗粒沉积至土壤和水体，如甘肃白银地区Cu、Pb、Zn等矿产在采集过程中有大量As排入环境，20世纪80年代每年随废水排放的砷达100t之多，使该区废水灌溉土壤 As 严重异常，全市 16.3%的土壤 As 超过当地临界值（25mg/kg），最高达 149mg/kg，我国南方工矿区砷异常状况亦较常见，尤以韶关、大全、河地、阳朔、株洲等地为重。

2）在矿石的前期处理阶段，大量砷元素残留在尾矿中，形成大量的含砷尾矿。另外，含砷废气、含砷废水必须经处理后才能达标排放。在处理过程中，砷都最终以含砷废渣的形式从废气、废水中分离。因此每年形成的含砷废渣量相当巨大。目前，靠“固砷法”处理后的含砷废渣堆积量已经超过 20 万吨。由于雨水冲刷、浸溶、微生物作用等原因，大量含砷废渣、含砷尾矿堆置会造成严重的环境污染。在堆置区，工人及附近居民往往会发生慢性砷中毒，癌症发病率明显高于其他人群，平均寿命较其他人群短。含砷废渣、含砷尾矿主要通过大气、水和固体本身这三个途径污染环境。含砷废渣、含砷尾矿对水环境的污染主要是通过雨水冲刷，使其中的可溶性砷盐淋溶，从而使砷化合物、重金属离子、悬浮物随地表水运移造成污染；此外，这些含砷化合物也会由于重力作用而下渗，部分直接进入地下水层随水长距离迁移扩散，造成含砷废渣及尾矿堆置区域内地下水、地表水中的砷含量升高。如 1961 年，湖南新化，由于含砷废矿石露天堆存，砷盐渗入饮用水，造成 308 人中毒，6 人死亡。在我国大部分地区，特别是华东、华南广大区域，每年 4 月至 9 月普遍高温多雨，这种充分的水热条件很容易增大废渣淋溶、污染扩散的危险性。因重力作用下渗的含砷化合物除一部分进入地下水层外，另一部分则进入土体迁移、转化，造成污染。当这部分砷转移入农田生态环境时，就会使农作物减产，农畜产品中含砷量升高，并通过食物链对人体造成危害。含砷废渣、含砷尾矿对大气的污染主要是通过两个途径：一是通过砷废石在风化过程中逸出的三氧化二砷气体或受潮时产生的砷化氢气体污染大气。以雄黄为例在室温和光照的条件下有如下反应：

$$4As_2S_3+5O_2 = 2As_2O_3+2As_2S_3+2SO_2$$

受潮时会发生下面的反应：

$$2As_2S_2+H_2O+O_2 = As_2O_3+As_2S_3+H_2S$$

3）通过砷废石风化所形成的砷矿全细微粒污染大气，这种形式的污染在气候干热的区域，情况更为严重。被开发出来的砷元素约有 20%进入冶炼厂或化工厂。在冶炼过程中，砷以含砷废气、含砷废水的形式进入环境，这部分砷量相当大。就我国而言，由于贵溪、铜陵、大冶、株冶、葫芦岛、白银等冶炼厂扩大生产，每年废水中排出的砷量将超过 3 万吨。含砷废水污染饮用水源，将引起急性砷中毒，国内外都曾发生过废水砷中毒事件。例如，1999 年 12 月，郴州一火法炼砒厂由于排放高浓度含砷废水，造成饮用水源砷污染，处于污染区内的某自然村全村 200 多人中毒。在火法冶炼过程中，砷主要以三氧化二砷形态挥发进入烟尘中污染空气，长期接触砷污染的空气将诱发皮肤癌。早在 1820 年，在英国威尔士的康瓦尔炼铜工人中就出现了由于职业性的砷暴露而引起的阴囊癌（见表1-1）。

表1-1　我国矿业活动导致的砷污染危害事件举例

时间/年	地　点	污染事件	危害产生原因
1961	湖南新化锡矿山	308人食物中毒，6人死亡	饮水井周围露天堆存含砷碱渣，污染引用水源
1974	云南锡业公司第一冶炼厂	多人中毒	锡精炼的铝砷浮渣受潮，产生砷化氢
1981	浙江富春江冶炼厂	200多人中毒	铜鼓风炉渣中混进含砷的废触媒，砷污染水源
1987	湖南新田县莲花乡	14人慢性砷中毒，2头耕牛死亡，3口鱼塘的鱼全部死亡。砷污染稻田0.16hm^2	炼砷渣随意堆放在公路两边导致砷污染
1994	湖南桃江县竹金坝乡	8人急性砷中毒	锑废渣污染井水导致急性砷中毒
1994	贵州省三郡县某镇	125人急性砷中毒，1匹运输马死亡	直接接触土法炼砷处遗留的铁通，炉砖，引用现场砷污染水源
1995	湖南常宁县白沙镇	300余人中毒，农田大面积绝收、减产，全年直接经济损失5500万元以上	炼砷、炼砒废水污染水源和土壤
1995~1998	广西柳州市工矿企业	5起11例急性职业性砷化氢中毒，其中2人死亡	砷矿渣与水或酸混合产生砷化氢
1996	贵州平坝县	280人中毒	含砷废水污染饮水源
1996	湖南新化锡矿山	617人中毒	含砷锑废渣污染井水
1998	湖南安仁县华五乡	884名师生出现砷中毒	食用土法炼砒处废弃的编织袋盛装的大米
1998	云南某乡镇冶炼厂	32名工人中毒	车间空气中三氧化二砷含量过高（8.99mg/m^3）
2000	湖南郴州市苏仙区邓家塘乡	300多人砷中毒，2人死亡，50hm^2水田抛荒	炼砒厂含砷废水污染水源和土壤
2000	广西柳江县	6人中毒，其中2人死亡	自来水冲洗废旧砷矿渣产生砷化氢
2001	广西河池五吉	193人中毒	选矿厂排除的废水砷超标2189倍，污染水源
2002	贵州独山县城近郊	334人中毒	选冶厂随意堆放和倾倒含砷废渣，污染水源
2002	湖南衡阳界牌镇	76人中毒	砷矿石、废渣等污染水源
2003	云南楚雄滇中铜冶炼厂	83人陆续砷中毒	排烟系统超负荷运转，砷化合物烟气外溢

续表 1-1

时间/年	地 点	污染事件	危害产生原因
2004	辽宁阜新	160 人砷中毒	炼铜厂污水泄漏，污染水源
2005	河北保定老河头镇	30 多人中毒	含砷矿渣遇水生成砷化氢

(2) 含砷原料的广泛应用。砷化物大量用于多种工业部门，如制革工业中作为脱毛剂、木材工业中作为防腐剂、冶金工业中作为添加剂、玻璃工业中用砷化物脱色等。这些工业企业在生产中会排放大量的砷进入土壤。

(3) 含砷农药和化肥的使用。曾经施用过的含砷农药主要有砷酸钙、砷酸铅、甲基砷、亚砷酸钠、砷酸铜等。磷肥中砷含量一般在 20~50mg/kg，禽畜粪便一般在 4~120mg/kg，商品有机肥为 15~123mg/kg。若长期施用含砷高的农药和化肥，则会使土壤环境中的砷不断累积，以致最后达到有害程度。

(4) 高温源（燃煤、植被燃烧、火山作用）释放。燃烧高砷煤导致空气污染引起居民慢性中毒。在我国贵州有报道，贵州兴仁县居民燃用高砷煤，引起严重环境砷污染和大批人群中毒。据调查的 55 个村民组中有 47 个村民组查出慢性砷中毒病人 1548 人，患病率达 17.28%。

1.2 砷污染物的环境行为及影响

1.2.1 砷污染物的环境行为

砷是社会生产活动中的一种重要元素，被广泛应用于合金、农药、防腐剂制造以及制药等领域。在砷的开采、加工、利用过程中，一部分砷不可比避免的进入周围土壤造成污染。土壤是极为复杂的体系，砷元素在土壤中经过一系列物理、化学过程，改变了砷的离子形态，影响了活度，导致砷元素迁移转化方式的变化，最终影响砷在土壤-植物系统中迁移、转化和积累。本小节主要从砷在土壤中的存在形态和迁移转化方式两方面阐述砷污染地块的环境行为。

1.2.1.1 存在形态

砷主要以-3、0、+3 和+5 这四种价态存在于自然界中。土壤和水体中的砷主要以 As（Ⅲ）和 As（Ⅴ）的含氧酸盐形式存在。在氧气充足、排水状况良好的氧化条件下，土壤溶液中的砷多以+5 价态存在，占可溶态砷的 90%；在缺氧的还原条件下，土壤溶液中的砷以+3 价态存在，而-3 价态的砷只在强还原性条件下才存在。一般而言，砷的无机化合物毒性要大于有机砷。单质砷不溶于水和强酸，不易被人体吸收，因此毒性极低；As（Ⅲ）的毒性是 As（Ⅴ）的 60 倍。

由于土壤中砷的生物有效性和毒性取决于其形态，因此砷在土壤中的存在形态可能比总量更重要。砷在土壤中主要以无机态的形式存在，其存在形态主要与土壤中Al、Fe、Ca的含量显著相关，而与有机质和硅的含量的相关性不显著。根据砷被植物吸收利用的难易程度，可将土壤中的砷分为三类：一是水溶性砷，指溶解在土壤溶液中的砷：二是吸附性砷，是指被土壤吸附于表面交换点上的那部分砷，易被释放，同水溶性砷一样易被植物吸收，因此也被称为可给态砷；三是难溶态砷，指土壤中易被土壤胶体吸附，并与Fe、Al、Ca等离子结合形成的难溶性砷酸盐的那部分无机砷。

水溶态砷、交换态砷为土壤活性砷，它们的有效性相对较高，易被植物吸收，含量极少，常低于1mg/kg，不同价态的外源砷进入土壤后，其转化成水溶态砷的百分率约为0.1%~10%，平均在4%左右，且水溶态砷与土壤总砷无显著相关。一般来说，土壤中的砷主要是以难溶态存在，水溶态砷很少，一般不足总量的5%。但改变土壤pH值，将显著地改变土壤中水溶态砷含量。当pH值在2~7的范围内，土壤对砷地吸附力较强，当pH值为4左右，吸附量最大，当pH >10或<1时，土壤颗粒对砷的吸附量很少，土壤中的砷主要以水溶态存在。

1.2.1.2　迁移转化方式

砷在土壤中的行为和归宿包括迁移、转化和持留，主要有物理、物理化学、化学和生物过程，其作用方式可分为下列5种类型：

（1）机械吸收作用。土壤是一个多孔体系，能够机械截留进入土壤后比孔隙大的颗粒物，使之不易淋失，这种作用称为机械吸收作用。土壤越黏，则截留物质的能力越强。但因其不能保存可溶性物质，所以机械吸收不是土壤吸持的主要形式。

（2）物理作用。土壤颗粒，特别是胶粒，具有巨大的表面能，能够把分子态（包括液态分子和气态分子）的砷吸附在土壤与溶液的界面上。这是一种物理现象，称作物理吸收作用，也有文献将其称作表面吸附或非极性吸附。土壤质地越细，腐植质含量越多，物理吸收作用越强。另外，土壤溶液中水溶性的砷离子，可以随土壤中的水分从土壤表层移到深层，从地势高处移到地势低处，甚至发生淋溶，随水流失迁移出土壤而进入地表或地下水体。更多的是砷通过多种途径被包含于矿物颗粒中，或被吸附于土壤胶体表面上，随土壤中的水分流动而被机械搬运，也可能以飞扬尘土的形式随风迁移。在农田生态系统最显著的物理迁移过程，就是砷随地表径流而被冲刷。

（3）物理化学作用。由于土壤胶体微粒是带有不同电性的电荷，当它与溶液接触时，便能吸附溶液中带异性电荷的离子；与此同时，把土壤胶体上等当量的相同电荷的其他离子代换出来而达到动态平衡。这是一种物理化学现象，称为物理化学吸收作用，又称作离子代换吸收作用，或离子交换吸附，也将其称为极性吸附。它是土壤吸收性能中最重要的一种方式。土壤胶体越多，电性越强，物理化学吸收作用也越强。

（4）化学作用。化学作用主要包括吸附-解吸、溶解-沉淀、配合（螯合）作用、中和作用、氧化-还原作用等。实际上，吸附-解析作用是影响土壤中含砷化合物的迁移、残留和生物有效性的主要过程。土壤质地、矿物成分的性质、pH、Eh 和竞争离子的性质都会影响到吸附过程。

1）pH 和 Eh 的影响。土壤的酸碱度和氧化-还原状况对土壤中的砷的浓度、形态和毒性都有非常明显的影响。吸附态砷向溶解态砷转化主要与土壤 pH、Eh 有关。升高 pH 或者降低 pE 都将增大可溶态砷的浓度。在氧化性土壤（pE+pH>10）中，As（Ⅲ）为主要形态；而 As（Ⅴ）是还原条件下（pE+pH>8）的主要形态。

2）土壤组分的影响。黏土的数量和矿物成分的性质控制着土壤中砷的吸附，而且土壤黏粒矿物类型对砷的吸附有较大影响，一般：蒙脱石>高岭石>白云石。在我国，土壤对砷酸根的吸附量有如下规律：黄土<黑土<黄棕壤<砖红壤<红壤。所以富含铁、铝化合物的酸性、弱酸性红壤是砷难以通过的地球化学屏障，具有相当强的固砷作用。

3）土壤粒径大小的影响。土壤粒径大小也影响土壤对砷的吸附，土壤粒径越小土壤的表面积越大，吸附点位也就越多，因此对砷酸根阴离子的吸附能力越大。土壤矿物组成对无机污染物以及离子性有机污染物的吸附具有决定性的作用。黏土矿物中由 K、Na、Ca、Mg 等构成的晶格为无机离子提供了广泛的吸附空间，重金属等无机离子可以通过取代反应的方式替换常规离子而进入晶格内部，这种取代吸附方式在很大程度上与离子的价态有关。

4）竞争离子的影响。大量的有机、无机离子在土壤和溶液中存在，如 Cl^-，SO_4^{2-}，PO_4^{3-} 及来源于土壤根系的分泌物、植物残留物的降解物等有机离子。这些离子因与砷竞争吸附位点而不同程度地影响土壤对砷的吸附。例如，当介质中有足够的磷时，这些点位会被磷占据。

5）温度、浓度及砷形态的影响。因为吸附解吸是一个受热力学影响的过程，故温度对吸附解吸产生较大影响。其次介质的浓度越高，双电层越薄沉淀效应越易发生。也越容易把其他离子从胶体上代换下来，在一定的范围内平衡浓度越高，吸附量越大。再者 As^{5+} 吸附能力大于 As^{3+}，因为土壤胶体一般带负电荷，As^{5+}形成的离子带正电性多，较易被土壤吸附固定。

（5）生物作用。土壤环境中的生物作用主要是指植物通过根系从土壤中吸收砷或砷的化合物，并在体内富集。植物根系从土壤中吸收砷这种迁移既可认为是植物对土壤的净化，也可认为是污染土壤对植物的危害，特别是植物富集的砷有可能通过食物链进入人体，危害更严重。微生物对砷的吸收主要通过动物啃食、搬运。植物根系从土壤中吸收砷并在体内富集受多种因素的影响，从其主要影响因素是砷在土壤环境中的容量和赋存形态，一般水溶态的、简单的络离子最容易被植物所吸收，而交换态和络合态次之，难溶态则暂时不被植物所吸收。由于赋存砷的各形态之间存在动态平衡，因此，植物吸收砷的量也处于动态变化之中。土壤环境的酸碱度、氧化还原电位，土壤胶体的种类、数量，不同的土壤类型等土壤环境状况，直接影响到砷在土壤中的赋存形态和它们相互间的比率关系，从而影响到植物对砷的吸收，进一步影响到砷在土壤中的生物迁移作用。

总之，砷进入土壤后，可被土壤胶体吸附，与土壤无机物、有机物形成配合物，或与土壤中其他物质形成难溶盐沉淀，或被氧化还原，或被植物及其他生物吸收。

1.2.2 砷污染地块的影响

（1）对植物的影响。砷是最常见也是对公众健康危害最严重的污染物之一，也是十二五规划中首批治理的五种重金属之一，在环境保护表中被列为第一类污染物。随着含砷金属矿产的开采与冶炼、含砷化学制品及农药的使用，引起了污染地块不同程度的土壤砷污染。砷具有致癌、致畸、致突变作用，环境中的砷超过一定剂量时就会对人体的健康产生成威胁。通常，砷主要集中在土壤的表层约10cm左右，某种情况下可淋洗至较深土层。水溶性砷、吸附性砷可以被植物吸收利用。土壤中，大部分砷被胶体吸收或被有机物络合。砷不是作物生长的必需元素，但微量可刺激某些作物的生长，当土壤中的砷浓度较高时则会对作物的生长产生抑制作用。大多数植物对土壤中的砷具有不同程度的富集作用。富集在植物体内的砷，会严重地干扰作物对其他养分的吸收，破坏植物的正常生理代谢，进而影响光合作用、糖的转化、淀粉和蛋白质等的合成。由于农业生产中污水灌溉和农药的施用，可使大量的砷通过土壤进入植物体。作物吸收的砷主要集中在根部，茎、叶次之，子实最少。残留在土壤中的砷很难消失，并且在土壤中积累的砷，很容易通过农作物转移到人体及其他生物体中。

（2）对人体健康的影响。砷早在20世纪80年代就已被国际癌症研究中心确定为致癌物。在人体内砷通过食物链不断积累，可使人体产生慢性或急性中毒，慢性中毒潜伏期较长，可达几年至几十年。砷及其化合物一般可通过大气、水和食物等途径进入人体，造成危害。砷在人体中的致毒机理主要是含砷的化合物能与含巯基的酶结合，尤其与丙酮酸氧化酶的巯基具有强的结合力，生成丙酮酸氧化酶和砷的复合体，这种复合体可以使酶失去原有的活性，影响细胞的正常代谢，大大降低甚至损伤细胞的功能。此外，砷进入人体内，由于砷酸盐与体内磷酸盐的抗结作用，从而抑制了呼吸链的氧化磷酸化，进而抑制了细胞内的呼吸作用。砷可以在人体内蓄积，对不同年龄段的人造成长期危害，对人体的心肌、呼吸系统、神经系统、生殖系统、造血系统、免疫系统都具有不同程度的损伤。不同形态的砷对人体的毒性存在差异，其中砷化氢（AsH_3）和三氧化二砷（As_2O_3）毒性效果最为显著，可以对人体造成巨大的伤害。砷化氢（AsH_3）为气体，易损害人体内脏器官和脑部。古代凶名赫赫的砒霜即为As_2O_3，是一种毒性很强的砷化合物，它能够通过与人体细胞中的酶蛋白硫基相结合，从而使人体细胞酶失去活性，阻碍细胞中的糖代谢，细胞营养发生障碍，引起细胞的死亡。且 As_2O_3 对人体神经细胞伤害最大。国际癌症研究机构（IARC）、美国环境保护局（EPA）和“国家毒物学计划”都已将砷列入人类致癌因子。

（3）对周边环境的影响。地下水中的 As 浓度一般在 1mg/L 以下，长期食用含 As 污染的水和食品会导致众多健康问题甚至引发癌症。世界卫生组织的饮用水质标准中 As 的限值为 $10.0\mu g/L^{-1}$，自 2007 年 7 月 1 日起，我国实施新国标《生活饮用水卫生标准》（GB 5749—2006）将饮用水中的 As 标准限值定为 10.0μg/L。全世界至少有 1.5 亿人受到地方性砷中毒的威胁，大部分人口生活在亚洲，砷污染已受到全世界的关注。砷污染是对粮食安全的严重威胁。水稻的生理特性和淹水栽培技术，使其具有较强的亲和力，可丰富砷的含量。砷对水稻的生长及光合生理有一定影响，如砷胁迫下的幼苗经常出现根系发育不良，根系短，叶片褪色变黄等现象。稻米是中国最大的粮食作物，占全国人口粮食用量的60%以上，每年稻米消费量占粮食总消费量的55%左右。因此，探究砷对水稻的影响尤为重要。由于砷具有很强的生物毒性，可致畸甚至致癌，世界卫生组织早在 1968 年就在环境污染报告中把 As 和 F 并列为全世界范围内最危险的无机污染物。随着社会经济和工业的发展，全球许多国家面临严重的砷污染威胁，砷污染已成为人们普遍关注的环境污染之一，土壤中砷污染的修复研究已成为世界各国的科学热点和前沿领域，是土壤科学研究的重要方向。

（4）世界各国砷污染事件及砷超标情况。近 10 多年来，我国频频发生严重的砷污染恶性事件：2006~2009 年间，先后有湖南岳阳、贵州独山县、云南阳宗海、河南省商丘市、山东临沂市、云南红河州大屯海等近十个地区的水体因企业违规排污，导致砷浓度严重超标。有的地方自来水砷浓度超过国家标准 30~60 倍，有的湖泊砷浓度接近国家地表水Ⅲ类水标准的 600 倍，河流、湖泊、水库、泉水均遭到严重污染，致使当地居民饮水困难，粮食减产，砷中毒患者剧增，严重危害当地生态系统的安全。2014 年 3 月，湖南石门河水污染，砷含量超标 1000 多倍，导致农田中砷含量严重超标，污染最严重的鹤山村 700 多人中近一半的人都发生砷中毒，其中致癌死亡的达 157 人，并且癌症患者人数还在不断增加。另据新闻报道，目前至少已有十个省、自治区发现了饮用水型砷中毒。对我国 183 个湖泊、531 个水库的调查结果显示，其中有 5.5%的湖泊和 1.6%水库水质为Ⅳ类及劣Ⅳ类，As 含量的水平正逐年增高，污染已呈现较为严峻的态势。除了水体砷污染外，土壤的砷污染也十分严重。我国土壤中砷浓度的平均值为世界平均值的 2 倍。2013 年，瑞士和我国研究人员在瑞士公布的最新研究成果显示，我国有 58 万平方千米的土壤砷浓度超过 10μg/L，近 2000 万人生活在土壤砷污染高风险区，如新疆塔里木盆地、内蒙古额济纳地区、甘肃省黑河地区、北部平原的河南省和山东省等。由于大量含砷尾矿库的闲置和任意堆放，土壤砷污染问题尤为突出。例如，新疆克拉玛依的哈图金矿尾矿和伊犁哈萨克自治州的阿希金矿尾矿中的砷浓度均高达1000mg/kg以上，比全国平均值高出近100倍，严重威胁当地的土壤和地下水的安全。湖南锡矿山锑矿区、广东省连南县寨岗镇铁屎坪炼砷遗址、湖南省常宁县、北京市、上海市、天津市、广州市和南京市市郊，都不同程度的受到砷污染，土壤砷浓度明显超过当地土壤中砷的背景值。受镉、砷、汞、铜、锌等重金属污染的耕地约有1.5亿亩，每年因重金属污染的粮食达1000多万吨，造成的直接经济损失200余亿元，稻米的砷污染已威胁到人们的基本生存和健康。由于长期的开采雄黄矿以及炼制砒霜，位于湖南石门的亚洲最大雄黄矿，周边环境被严重污染，受污染面积约为35平方公里，土壤砷含量超国家标准29倍，先后约有1000多名矿区居民被确诊为砷慢性中毒，近400人死于砷中毒又诱发的各种癌症。

根据历年相关研究，世界各地砷污染地块附近土壤砷污染浓度及超标情况（以中国标准为基准）见表1-2。

表1-2 部分国家（地区）砷污染地区附近土壤砷浓度及超标情况

国家（地区）	污染来源	浓度/$mg \cdot kg^{-1}$	超标情况
巴西米纳斯吉拉斯	未知	200~860	13.3~57.3
波兰西里西亚省	金矿	18100	1206.7
智利埃斯基纳	金矿	489	32.6
英国	矿化基岩	729	48.6
英国	有色金属矿	90~900	6~60
英国	金属加工	2500	166.7
波兰	金属加工	150~2000	10~133.3
匈牙利	金属加工	10~2000	0.7~133.3
意大利托斯卡纳	锑矿	5.3~2035.3	0.4~135.7
日本	金属加工	38~2470	2.5~164.7
墨西哥圣路易斯波士	铜-砷冶炼	798~4424	53.2~295
巴西纳斯吉拉斯	铁矿，金矿	200~860	13.3~57.3
秘鲁安第斯山脉北部	铜矿	1430	95.3
西班牙卡拉曼	矿区	1000	66.7
澳大利亚新南威尔士州	含砷杀虫剂	14800	986.7
湖南锡矿山矿区	锡矿和锑矿	14.95~363.19	1~24.2
湖南省常宁县	肥料、农药	92~840	6.1~56
中国贵州	锑矿	38.57~91.31	2.6~6.1

续表 1-2

国家（地区）	污染来源	浓度/mg · kg^{-1}	超标情况
中国云南	金矿	493.39~2290.51	32.9~152.7
北京近郊菜地	农药	4.44~25.3	0.3~1.7
新疆克拉玛依	金矿	1100	73.3
伊犁哈萨克	金矿	1000	66.7

由表可以看出，在金矿区、锑矿区等各大矿区，由于砷伴生矿等原因，均会出现局部土壤砷浓度超标的情况，污染最严重的是波兰西南部的西里西亚省，其土壤中共的砷浓度高达 18100mg/kg，超标 1206.7 倍，而在中国贵州、云南、湖南等地，也出现砷污染较严重的情况，其中，云南金矿区附近土壤砷浓度最高达到 2290.51mg/kg，超标 152.7 倍，即便在北京近郊菜地，由于常年喷洒农药作用，土壤砷浓度最高达到 25.3mg/kg，超标 1.7 倍。

土壤一旦遭受砷污染，其治理难度很大，且周期很长，很难以通过自然的吸收分化而消除，需要付出巨大的环境和经济代价。由此可见，砷污染已经发展成为灾难，如果还不尽快实现有效管控，将是极大的不作为甚至犯罪。我国是砷污染最为严重的国家之一，土壤砷污染问题日益严重。因此，有效控制和修复土壤砷污染已成为当下环境领域关注和研究热点之一，砷污染治理刻不容缓。

1.3 砷污染地块环境调查与评估

1.3.1 砷污染地块环境调查

1.3.1.1 地块环境调查原则

针对性原则：针对地块的特征和潜在污染物特性，进行污染浓度和空间分布调查，为地块的环境管理提供依据。规范性原则：采用程序化和系统化的方式规范地块环境调查过程，保证调查过程的科学性和客观性。可操作性原则：综合考虑调查方法、时间、经费等，结合现阶段科学技术发展能力和相关人力资源水平，使调查过程切实可行。

1.3.1.2 工作程序

地块环境调查包含三个不同但又逐级递进的阶段。地块环境评价是否需要从一个阶段进入到下一个阶段，主要取决于地块污染状况以及相关方的要求。地块环境评价的三个阶段为：

第一阶段：地块环境的污染识别；

第二阶段：地块环境是否污染的确认——采样与分析；

第三阶段：地块环境污染风险评估与治理措施。

地块环境调查编制程序见图 1-1：

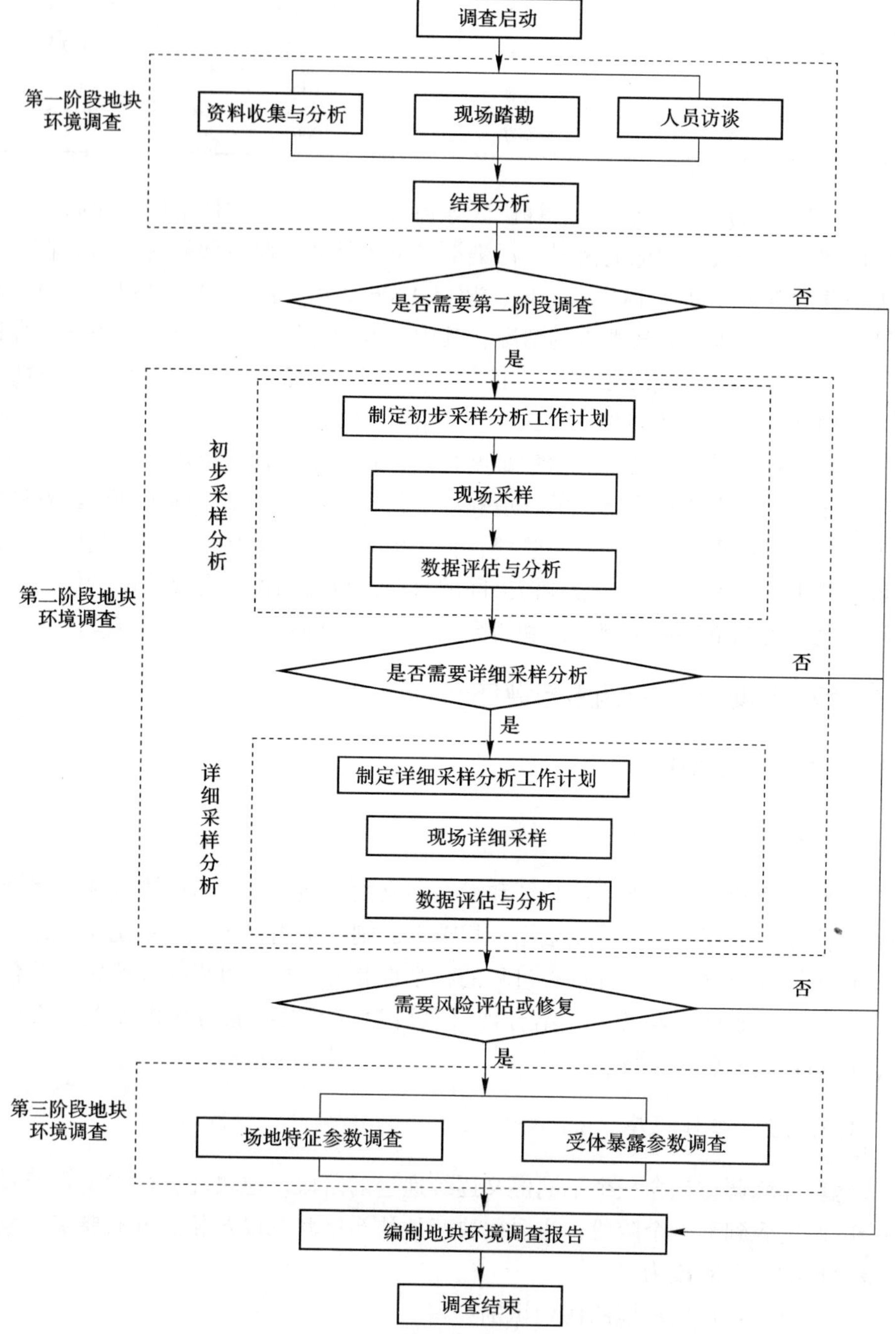

图 1-1　污染地块环境调查的工作内容与程序

A 第一阶段——地块环境的污染识别

地块环境调查第一阶段的目的主要是识别地块环境污染的潜在可能。第一阶段地块环境评价主要通过会谈、地块访问，对过去和现在地块使用情况、特别是污染活动的有关信息进行收集与分析，来识别和判断地块环境污染的可能性。

主要包括资料收集分析、现场踏勘和人员访谈三部分。

(1) 资料收集阶段是以资料收集为主的污染识别阶段，主要包括：地块利用变迁资料、地块环境资料、地块相关记录、有关政府文件以及地块所在区域的自然和社会信息。当调查地块与相邻地块存在相互污染的可能时，须调查相邻地块的相关记录和资料。调查人员应根据专业知识和经验识别资料中的错误和不合理的信息，如资料缺失影响判断地块污染状况时也应在报告中说明。

(2) 现场踏勘即在资料收集的基础上，以地块内为主，并应包括地块的周围区域，周围区域的范围应由现场调查人员根据污染物可能迁移的距离来判断。地块内踏勘内容主要包括：地块的现状与历史情况，区域的地质、水文地质和地形的描述，确定可能的污染区域、污染物类型与污染物空间分布；周围区域主要包括：相邻地块的现状与历史情况，周围区域的现状与历史情况，地块周边敏感点情况调查，调查地块周边居住区、学校、医院等敏感点的基本情况，包括距离、人口规模、可能的暴露途径。地块周边污染源调查，调查地块周边现有污染源与原有污染源的分布情况、排污情况。

重点踏勘对象一般应包括：有毒有害物质的使用、处理、储存、处置或生产过程和设备，储槽与管线，恶臭、化学品味道和刺激性气味，污染和腐蚀的痕迹，各种储罐与容器，排水管与污水池或其他地表水，废弃物，井，污水系统等。同时，应该观察和记录地块及周围是否有可能受污染物影响的居民区、学校、医院、行政办公区、商业区、饮用水源保护区，以及公共场所等地点，并在报告中明确其与地块的位置关系。

(3) 人员访谈可采取当面交流、电话交流、电子或书面调查表等方式进行。访谈内容应包括资料收集和现场踏勘所涉及的疑问，以及信息补充和已有资料的考证。受访者为地块现状或历史的知情人。

若第一阶段调查确认地块内及周围区域当前和历史上均无可能的污染源，则认为地块的环境状况可以接受，调查活动可以结束。若有可能的污染源，应说明可能的污染类型、污染状况和来源，并应提出第二阶段地块环境调查的建议。

B 第二阶段——地块环境是否污染的确认——采样与分析

如果第一阶段评价结果显示该地块可能已受污染，那么在第二阶段评价中将在疑似污染的地块进行采样分析，以确认地块是否存在污染。

地块环境评价是以采样与分析为主的污染证实阶段。确定污染物种类、浓度（程度）和空间分布。通常可以分为初步采样分析和详细采样分析两步分别进行，每步均包括制定初步采样分析和详细采样分析，均可根据实际情况分批次实施，逐步减少调查的不确定性。并且经过不确定性分析后，如超标，则认为可能存在健康风险，须进行详细调查。详细采样分析是在初步采样分析的基础上，进一步加密采样和分析，确定地块污染程度和范围。以地块内为主，并应包括地块的周围区域，周围区域的范围应由现场调查人员根据污染可能迁移的距离来判断。在勘查地块时，除非受环境或障碍物所阻碍，或其他无法克服的原因，应尽可能勘查地块的设施、建筑物、构筑物，如罐、槽、沟等。

根据监测数据的检测结果进行统计分析，以确定地块关注污染物种类、浓度水平和空间分布。一旦确定地块已经受到污染，则将在第三阶段全面、详细评价污染程度及污染范围，并提出治理目标和推荐治理方案。

C 第三阶段——地块环境污染风险评估与治理措施

第三阶段地块环境调查主要工作内容包括地块特征参数和受体暴露参数的调查。

地块特征参数包括：不同代表位置和土层或选定土层的土壤样品的理化性质分析数据，如土壤 pH 值、容重、有机碳含量、含水率和质地等；地块（所在地）气候、水文、地质特征信息和数据，如地表年平均风速和水力传导系数等。根据风险评估和地块修复实际需要，选取适当的参数进行调查。

受体暴漏参数包括：地块及周边地区土地利用方式、人群及建筑物等相关信息。

第三阶段地块环境调查主要工作内容按照《污染地块风险评估技术导则》（HJ 25. 3—2004）和《污染地块土壤修复技术导则》（HJ 25. 4—1999）的要求，提供相关内容和测试数据。

1. 3. 2 砷污染地块环境风险评估

目前，已有多国制定相关政策进行污染土地风险评估。1987 年，欧盟制定相关环境保护法规，要求对可能发生化学事故的企业进行环境风险评价。1994 年，荷兰研究提出了开展污染土壤健康风险评估的技术方法，探讨了人群对土壤污染的暴露途径及模型评估方法，并将该方法用于保护人体健康的土壤基准的制定。2002 年，英国环境署发布了《污染土地暴露评估模型：技术基础和算法》、《污染土地管理的模型评估方法》等系列技术文件；2009 年，英国环境署修订后发布了最新的污染土地健康风险评估的技术方法。在产业升级与结构调整的驱动下，深圳也有越来越多的工业企业面临搬迁、关闭，遗留下来大量可能存在潜在环境污染风险的地块（也称“棕地”）。据统计，十二五期间，深圳市有 500 多家企业面临关闭搬迁。如果这些地块未经环境调查或风险评价，地块的再利用就可能存在潜在的健康风险。所以，在开展污染地块环境风险评估技术研究就显得尤为必要。

砷污染地块风险评估工作内容包括危害识别、暴露评估、毒性评估、风险表征，以及土壤和地下水风险控制值的计算。污染地块健康风险评估程序如图 1–2 所示。

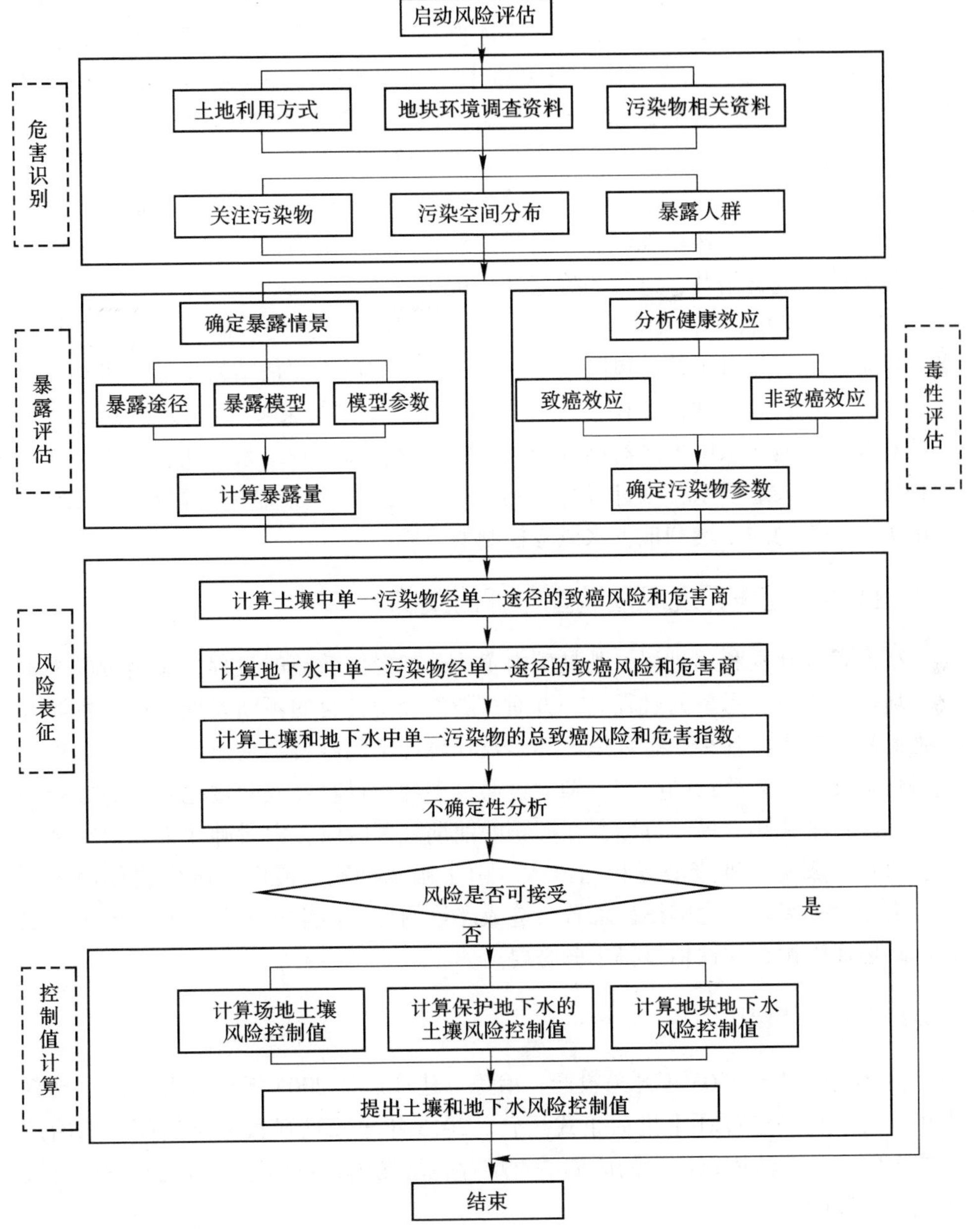

图 1–2 污染地块风险评估程序与内容

（1）危险识别。收集地块环境调查阶段获得的相关资料和数据，掌握地块土壤和地下水中关注污染物的浓度分布，明确规划土地利用方式，分析可能的敏感受体，如儿童、成人、地下水体等。

（2）暴露评估。在危害识别的基础上，分析地块内关注污染物迁移和危害敏感受体的可能性，确定地块土壤和地下水污染物的主要暴露途径和暴露评估模型，确定评估模型参数取值，计算敏感人群对土壤和地下水中污染物的暴露量。

（3）毒性评估。在危害识别的基础上，分析关注污染物对人体健康的危害效应，包括致癌效应和非致癌效应，确定与关注污染物相关的参数，包括参考剂量、参考浓度、致癌斜率因子和呼吸吸入单位致癌因子等。

（4）风险表征。在暴露评估和毒性评估的基础上，采用风险评估模型计算土壤和地下水中单一污染物经单一途径的致癌风险和危害商，计算单一污染物的总致癌风险和危害指数，进行不确定性分析。

（5）土壤和地下水风险控制值的计算。在风险表征的基础上，判断计算得到的风险值是否超过可接受风险水平。如污染地块风险评估结果未超过可接受风险水平，则结束风险评估工作；如污染地块风险评估结果超过可接受风险水平，则计算土壤、地下水中关注污染物的风险控制值；如调查结果表明，土中关注污染物可迁移进入地下水，则计算保护地下水的土壤风险控制值；根据计算结果，提出关注污染物的土壤和地下水风险控制值。

1.4　砷污染地块环境风险调查与评估案例

矿产资源开发利用过程，既是矿山企业获取经济效益的过程，又是可能给生态环境带来破坏和污染的过程。一方面，随着经济社会的不断发展，矿产资源开发强度越来越大，各种生态环境破坏以及环境污染问题日益突出，其中砷污染地块是环境破坏较为严重的类型，砷元素通过多种途径直接或间接地对人类健康和安全问题带来威胁。另一方面，在矿石的前期处理阶段，大量砷元素残留在尾矿中，每年形成的含砷废渣量相当巨大。由于雨水冲刷、浸溶、微生物作用等原因，大量含砷废渣、含砷尾矿堆置会造成严重的环境污染。因此，开展砷污染地块的环境风险调查和评估显得十分必要。

1.4.1　项目区概况

该地块矿段于 2003 年开采投产，冶炼厂建成后于 2005 年通过思茅市（现普洱市）环境保护局环评审批后正式运营。2013 年宋家坡矿段采空后闭，选冶厂随之关停，但湿法炼铜产生的废渣一直堆存在堆场内，对周边的村庄和农田有极大的环境风险。

目前该矿山占地约 165000m^2，已停止开采。遗留下的露天采空区、坑采矿洞和排土场（废石场）并未进行治理和进行生态修复，生产设施已进行了撤除。选冶厂占地约 368280m²，包括破碎工段、电积车间、萃取车间等工段现已停止运行，生产设施和建构筑物均未撤除，遗留下的部分料液约 5 万立方米利用原有喷淋系统回喷到新、老渣场，现厂区内各料液池的贮存量已接近满负荷，存在较大的污染隐患。现场调研和查阅资料后，发现公司在生产过程中，于 2015 年 3 月 7 日曾发生过一次硫酸铜料液泄漏事故，导致该项目区地表水、地下水、河道底泥和农田土壤，均受到不同程度的影响。

1.4.2 项目区采样方案

根据《地块环境调查技术导则》（HJ 25.1—2014）、《工业企业地块环境调查评估与修复工作指南（试行）》的相关要求，结合地块污染分布特征和分区进行布点，具体设置如下：

（1）地块调查布点。

1）生厂区拟采用 40m×40m 网格进行布点。厂区内池体、罐区、堆渣场下游等重点区域最大采样深度拟设置 6.0m，垂直采样深度分别为表层土壤 0.2m、0.5m、1.0m、1.5m、4.0m、5.0m 和 6.0m，每个点位采集 10 个样品。

2）生活区由于自身不产生污染，采用松散布点，布点网格为 80m×80m；最大采样深度拟设置为 1.5m，垂直采样深度分别为表层土壤 0.2m、0.5m、1.0m 和 1.5m，每个点位采集 4 个样品。具体如图 1-3 所示。

图 1-3 公司污染地块调查采样点位图

（2）厂区周边环境调查布点。

1）土壤采样采用专业判断布点法，根据厂区建设项目环境影响评价确定的主导风向，在场区下风向即东北方向设置5个土壤采样点位，侧风向西北和东南侧各设置2个土壤采样点，每个点位分别采取表层（0～20cm）和深层（30～50cm）的土壤样品。并在上风向设置一个土壤背景采样点，分别采取（0～20cm）、（30～50cm）、（60～100cm）和（110～150cm）的土壤样品。

2）地表水采样点位布设在污染地块西北两侧汇水箐沟处，分别在污染地块上游、中游、下游、两侧箐沟汇水混合后以及民乐河设置9个地表水监测点位。同时在地表水监测点位采取底泥样品，预计底泥样品数量为9个。

3）地下水除设置在污染地块表径流上游和下游的泉水出露点外，另设置2个地下水监测井点位（在地质勘查的基础上布设地下水监测井），以判断地块是否对地下水造成污染。

（3）厂区下游农田土壤环境质量调查布点。土壤点位布设按照100m×100m的网格布点，场区下游农田土壤面积约750亩，共布设76个土壤采样点位，每个点位分别采取表层（0~20cm）和深层（30～50cm）的土壤样品，共152个土壤样品。

（4）厂区下游农田农作物调查布点。选取当地主要种植的农作物，在河流灌溉区域选包谷、稻谷、蔬菜及其他区域典型作物等种类，农作物的采样以现场采样时当季作物为主。废渣堆场周边区域监测点位布设图，见图1-4。各区域布点信息见表1-3。

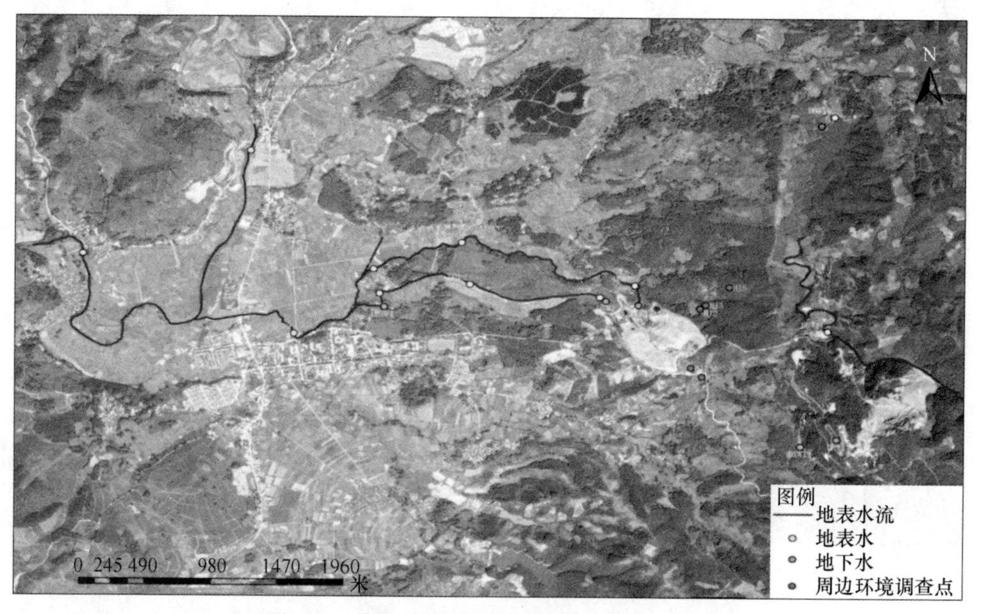

图1-4 废渣堆场周边区域监测点位布设图

表 1-3 调查区域布点设计信息表

区 域	类 别	点位数/个	采样深度/m	预估样品数
生厂区	土壤样品	35	3~6	210
周边环境	土壤样品	10	0.5	20
污染农田	地表水样品	9	—	9
	地下水样品	4	—	4
	底泥样品	9	—	9
	土壤样品	76	0.5	152
农作物	农作物样品	3	—	3

1.4.3 研究方法

1.4.3.1 监测指标与分析办法

该地块监测项目主要包括 pH 值、砷、镉、铬、汞、铅、铜、锌和镍等，分析测试方法参考国家标准执行。

1.4.3.2 评价标准筛选

根据地块土地利用现状及规划，目前地块现在用地属于工业用地，其用地规划资料缺失，按照《土壤环境质量 建设用地土壤污染风险管控标准（试行）》（GB 36600—2018）中相关规定“建设用地规划用途不明确的，适用表 1 和表 2 中第一类用地的筛选值和管控制”，因此，地块土壤调查结果按照《土壤环境质量 建设用地土壤污染风险管控标准（试行）》（GB 36600—2018）中第一类用地标准和《场地土壤环境风险评价筛选值（北京市）》（DB11/T 811—2011）标准中工业/商服用地标准限值进行分析。

1.4.4 数据分析

1.4.4.1 地块调查数据分析

场区所有点位测定了砷、镉、铬、铜、铅、汞、镍和锌等 8 项重金属的特征污染物。通过调查检测结果分析可以看出，该地块主要是砷元素存在较大的风险，由表 1-4 可知，地块主要是砷元素存在较大的风险，砷浓度从 2.29~1020mg/kg，最大超标倍数为 7.5 倍，超标率为 40.48%。

表 1-4 地块重金属砷超标点位及风险情况

(mg/kg)

点位	深度	采样深度													土壤环境质量	
		0.2m	0.5m	1.0m	1.5m	2.0m	2.5m	3.0m	4.0m	5.0m	6.0m	8.0m	10.0m	12.0m	筛选值	管控值
1	CQ-1	282	45.7	30.3	25.0	39.1	306	378	1020	719	270	—	—	—	40	120
2	CQ-3	77.3	66.7	39.0	19.9	18.0	18.4	12.3	3.39	3.31	6.53	—	—	—	40	120
3	CQ-4	31.9	18.2	24.3	143	223	423	597	221	15.7	104	46.7	—	—	40	120
4	CQ-5	114	—	55.6	—	28.5	23.5	45.4	9.47	6.86	20.5	—	—	—	40	120
5	CQ-6	34.3	66.2	25.6	34.9	11.2	14.3	92.4	25.3	51.8	8.14	6.97	13.2	—	40	120
6	CQ-7	35.1	11.0	6.79	10.5	23.9	5.83	15.5	27.1	76.3	56.4	14.3	18.6	—	40	120
7	CQ-8	—	50.1	20.4	10.7	3.83	5.88	1.92	1.74	1.66	4.44	—	—	—	40	120
8	CQ-14	61.1	30.4	21.0	7.83	10.4	7.49	10.4	9.00	10.8	13.2	52.0	1.68	6.45	40	120
9	CQ-17	—	47.4	—	28.7	—	32.0	23.8 (3.5m)	25.9 (4.5m)	33.3 (5.5m)	26.2 (6.5m)	121 (7m)	55.8	—	40	120
10	CQ-22	45.7	49.3	19.7	12.3	26.6	16.1	17.4	12.3	18.5	12.1	127	2.29	—	40	120
11	CQ-23	40.1	63.4	40.6	56.9	37.2	23.7	19.4	22.4	28.7	20.3	20.0	29.6	—	40	120
12	CQ-39	190	279	202	239	75.6	3.8	—	—	—	—	—	—	—	40	120
超标情况	超标点位数	超标样品数			超风险筛选值数			超风险管控值数			备注					
	12	42			25			17								
所占比例/%	60	20.19			12.02			8.17			占样品总数比例					
		59.52						40.48			占超标样品数比例					

该地块砷污染浓度水平分布如图 1-5 所示。

图 1-5 场区污染分布情况图

结合地块调查数据分析，由图 1-5 可以看出，以该地块中心点为起点，砷浓度随着地块区域中心位置的远近而呈现阶梯性变化。

1.4.4.2 地块周边环境调查数据分析

A 水环境

（1）地表水。场区周边地表水尤其是整亨溪流未能均达到《地表水环境质量标准》（GB 38383—2002）Ⅲ类标准，主要是汞和镉元素超标。汞元素最大超标浓度为 0.56μg/L，最大超标倍数为 4.6 倍。镉元素最大超标浓度为 35.6μg/L，最大超标倍数为 6.12 倍。超标点位如表 1-5 所示。

表 1-5 周边地表水水环境质量检测结果

水质类型	样品编号	检测结果/μg · L^{-1}							
		铬	铜	镍	锌	铅	镉	砷	汞
整亨溪流	DBW1	<0.11	39.2	2.40	26.8	<0.09	2.27	0.42	0.16
	DBW2	—	110	—	47.5	0.22	4.13	0.59	<0.04
	DBW5	<0.11	417	37.9	434	0.18	35.6	3.61	<0.04
文回溪流	DBW3	0.11	2.47	0.13	1.55	<0.09	0.41	2.17	<0.04
	DBW4	—	2.27	—	<0.67	<0.09	0.35	2.40	<0.04
	DBW6	0.29	26.1	1.14	19.7	<0.09	2.23	5.18	<0.04

续表 1-5

水质类型	样品编号	检测结果/μg · L⁻¹							
		铬	铜	镍	锌	铅	镉	砷	汞
民乐河	DBW7	1.22	2.93	0.91	7.03	0.14	<0.05	9.74	<0.04
	DBW8	0.06	2.44	0.31	6.82	<0.09	<0.05	3.10	<0.04
	DBW9	<0.11	12.7	1.68	11.2	<0.09	2.33	0.72	0.33
国庆水库	DBW10	0.13	1.08	<0.06	<0.67	<0.09	<0.05	1.86	0.38
九洞箐	DBW11	0.23	0.16	1.21	<0.67	<0.09	<0.05	9.91	0.56
矿区山箐水	DXW12	—	2.75	—	5.73	<0.09	<0.05	2.70	0.42
GB 3838-2002 Ⅲ类水标准值		—	1000.0	20.0	1000.0	50.0	5.0	50.0	0.1
超标情况		达标	达标	—	达标	达标	超标	达标	超标

注：Ni 为 GB 3838—2002 集中式生活饮用水地表水源地特定项目标准限值。

（2）地下水。根据检测报告显示，场区周边地下水未能达到《地下水质量标准》（GB/T 14848—2017）Ⅱ类标准。地下水主要为铅和砷超标。铅元素最大超标浓度为 108μg/L，最大超标倍数为 9.8 倍。砷元素最大超标浓度为 54.3μg/L，最大超标倍数为 4.43。地下水超标点位如表 1-6 所示。

表 1-6　周边地下水环境质量检测结果

水质类型	样品编号	检测结果/μg · L⁻¹							
		六价铬	铜	镍	锌	铅	镉	砷	汞
地下水	DXW1	<0.11	0.82	0.26	<0.67	<0.09	<0.05	0.61	<0.04
	DXW2	—	0.51	未测	11.9	0.77	0.13	54.3	0.49
	DXW3	<0.004	4.73	未测	143	108	0.08	1.69	0.43
	DXW4	—	3.61	未测	19.4	3.44	<0.05	0.26	0.27
GB/T 14848—2017 Ⅲ类标准值		≤0.05	≤1000	≤20	≤1000	≤10	≤5	≤10	≤1
超标情况		达标	达标	达标	达标	超标	达标	超标	达标

B　土壤环境

根据检测报告显示，场区周边 10 个土壤样品中 9 个点位出现不同程度的重金属元素超标，其中 5 个点位铜元素、4 个点位铬元素、2 个点位镍元素、2 个点位锌元素、6 个点位铅元素和 3 个点位砷元素超过《土壤环境质量农用地土壤污染风险管控标准（试行）》（GB 15618—2018）中风险筛选值，但未超过风险管控制。采取的 4 个背景土壤样品中均出现不同程度的重金属元素超标，其中 2 个点位铜元素、1 个点位铬元素、2 个点位镍元素、3 个点位锌元素、1 个点位铅元素和 1 个点位砷元素超过《土壤环境质量　农用地土壤污染风险管控标准（试行）》（GB 15618—2018）中风险筛选值，但未超过风险管控制。周边土壤环境污染情况分布如表 1-7 所示。

表 1-7　周边土壤环境质量检测结果

样品编号	距离场区距离/m	检测结果/mg · kg^{-1}								
		pH 值	铜	铬	镍	锌	铅	镉	砷	汞
HJ2（0.2m）	100（东北）	5.27	35	196	117	205	98.7	0.07	22.1	0.068
HJ2（0.5m）		5.62	34	200	118	200	104	0.03	23.9	0.058
HJ3（0.2m）	150（东北）	4.94	56	41	24	171	151	0.03	12.3	0.025
HJ3（0.5m）		5.15	30	38	11	70.1	135	0.01	11.2	0.023
HJ5（0.2m）	400（东北）	5.08	79	102	58	118	49.6	0.03	43.1	0.063
HJ5（0.5m）		5.08	74	96	60	109	57.5	0.04	43.2	0.064
HJ7（0.2m）	200（东南）	5.40	68	220	67	133	185	0.06	15.6	0.086
HJ7（0.5m）		5.39	61	206	66	129	178	0.04	15.6	0.066
HJ8（0.2m）	650（东南）	4.98	27	17	12	51.2	20.5	0.01	17.3	0.052
HJ8（0.5m）		5.11	22	12	20	31.5	28.3	0.02	48.4	0.053
BJ（0.2m）	1900（西北）	—	178	65	23	116	142	0.02	38.6	0.082
BJ（0.5m）		—	54	138	63	277	74.4	0.07	29.9	0.069
BJ（1.0m）		—	23	150	81	350	67.7	0.16	62.7	0.543
BJ（1.5m）		—	27	171	72	244	60.4	0.24	27.1	0.207
GB 15618—2018 中风险筛选值标准限值			50	150	70	200	90	0.3	40	1.8
GB 15618—2018 中风险管控值标准限值				800			400	1.5	200	2.0

C　下游农田土壤

现场在下游农田采集 76 个采样点位，共 152 个样品。检测结果显示，76 个点位中有 8 个点位（10 个样品）铜元素、2 个点位（3 个样品）铬元素、1 个点位（2 个样品）铅元素、3 个点位（3 个样品）镉元素、58 个点位（114 个样品）砷元素超过《土壤环境质量　农用地土壤污染风险管控标准（试行）》

（GB 15618—2018）中风险筛选值；1个点位（1个样品）镉元素、2个点位（2个样品）砷元素超过《土壤环境质量　农用地土壤污染风险管控标准（试行）》（GB 15618—2018）中风险管控值。厂区下游农田砷污染情况如图1-6所示。

D　农作物

现场采集玉米、水稻2个农作物，检测结果显示，稻谷中重金属砷超过《粮食卫生标准》（GB 2715—2005）中的标准限值，但未超过《食品安全国家标准　食品中污染物限量》（GB 2762—2017）中的标准限值；而玉米中重金属检测结果均未超过相关标准限值。农作物检测结果显示见表1-8。

表1-8　农作物检测结果

农作物类型	检测结果/mg · kg^{-1}							
	铬	铜	镍	锌	铅	镉	砷	总汞
玉米	0.09	1.32	0.4	22.1	<0.02	0.003	0.016	<0.003
稻谷	<0.11	3.09	0.4	19.0	<0.02	0.019	0.254	0.006
《食品安全国家标准食品中污染物限量》（GB 2762—2017）	≤1.0	—	—	—	≤0.2	≤0.1	≤0.5	≤0.02
《粮食卫生标准（GB 2715—2005）》	—	—	—	—	≤0.2	≤0.1	≤0.2	≤0.02
超标情况	达标	达标	达标	达标	超标	达标	超标	达标

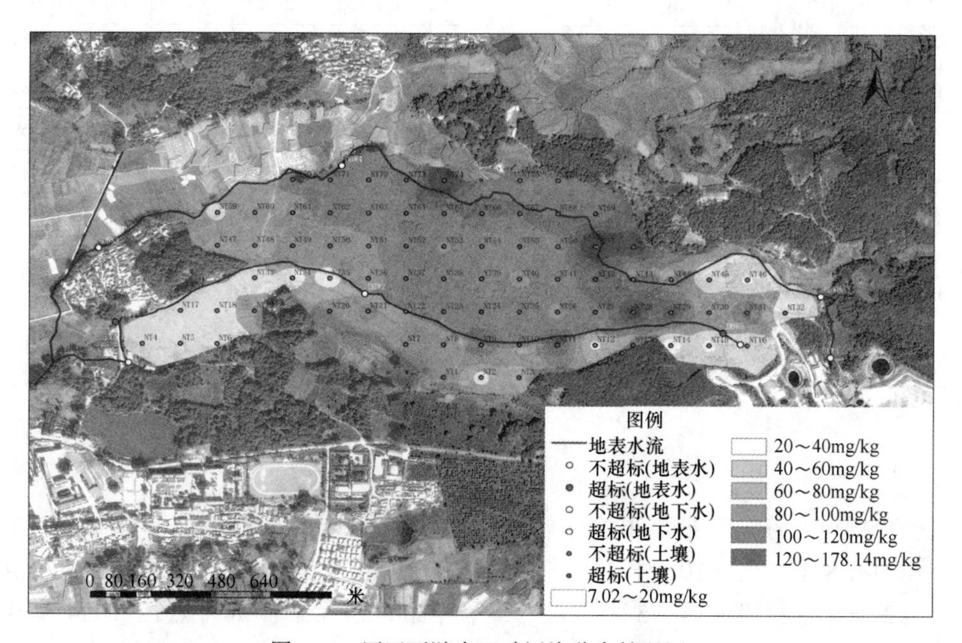

图1-6　厂区下游农田砷污染分布情况图

E 结果分析

地块主要是砷元素存在较大的风险，周围环境受到一定程度的环境污染，其中地表水未能达到《地表水环境质量标准》（GB 38383—2002）Ⅲ类标准，主要是汞和砷元素超标；场区周边地下水未能达到《地下水质量标准》（GB/T 14848—2017）Ⅱ类标准，主要是砷和铅元素超标；场区周边10个土壤样品中9个点位出现不同程度的重金属元素超标；下游农田存在铜、铬、铅、镉、砷等元素超标情况，其中以砷元素污染程度最重。

1.4.5 砷浓度对人体的健康风险评价

根据地块调查结果分析可知，目前地块内超过《土壤环境质量 建设用地土壤污染风险管控标准（试行）》（GB 36600—2018）中风险筛选值的重金属主要是砷元素，地块关注污染物及污染水平，见表1-9。因此将砷列为本项目地块土壤关注污染物。

表1-9 地块关注污染物及污染水平

化学物质名称	最高检出浓度 /mg·kg^{-1}	平均浓度 /mg·kg^{-1}	最高浓度出现点位	超标率 /%	评价标准 /mg·kg^{-1}	是否为潜在的关注污染物
砷	1020	49.1	CQ1-4.0m	20.19	30	是

由于该地块暂无未来用地规划，地块停用后将种植植被、生态绿化，因此，本地块的主要敏感受体为周边耕种期间的居民。

根据地块实际情况，该地块周边下游为茶园，基本为居民耕种、采茶等期间会接近污染地块，因此，地块暴露情景以成人均可能会长时间暴露于地块污染而产生健康危害，对于致癌效应，考虑人群的终生暴露危害，一般根据儿童期和成人期的暴露来评估污染物的终身致癌风险。根据现场踏勘和人员访谈，地块内没有使用地下水，并且根据检测结果，地块内主要污染物为类金属砷，常温下不具有挥发性，因此，排除地下水的3种暴露途径。根据该地块实际情况，其位于室外，本次评估考虑的暴露途径主要是：敏感用地方式下的经口摄入土壤、皮肤接触土壤、吸入土壤颗粒物三种暴露途径。

本次风险评估采用中国科学院南京土壤研究所于2012年研发的我国首套污染地块健康与环境风险评估软件HERA，HERA软件是基于美国ASTM RBCA E2081、英国CLEA导则和中国《污染地块风险评估技术导则》（HJ 25.3—2014）编制的土壤与地下水风险评估软件。使用HERA对污染地块进行风险评估并制定具有科学依据的污染地块土壤与地下水修复目标，在保障人体健康和水环境安全的同时，实现污染地块安全再开发。另外，由于该软件是基于我国新颁布的《污染地块风险评估技术导则》编制的，可从参数选择到评估情景设定，其与导则的贴合程度较高。

本次风险评估主要运用HERA软件的第一层次正、反计算两个模型。正、反计算概念模型，如图1-7所示。

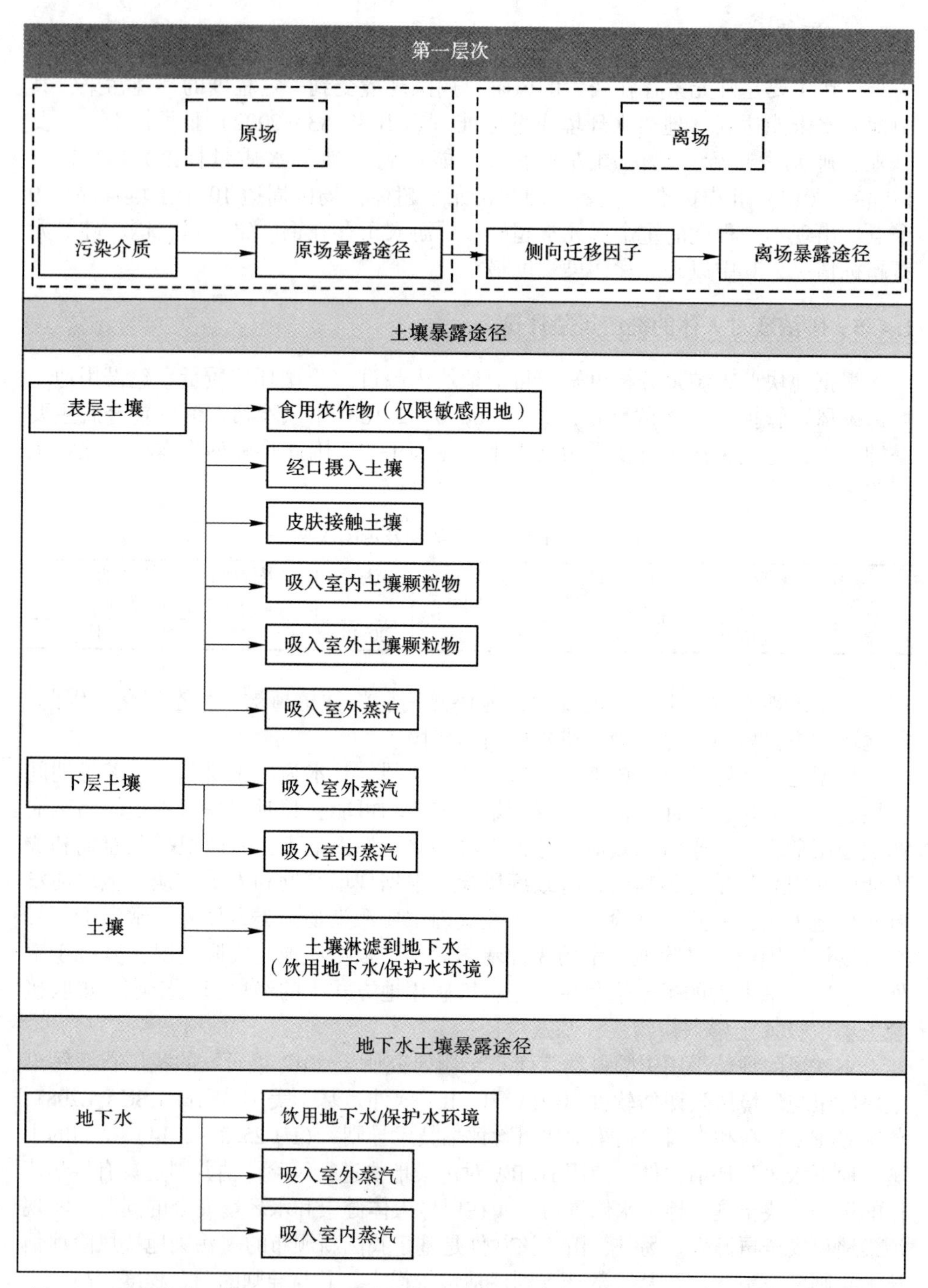

图 1-7　正向计算（第一层次：风险值/危害商）及反向计算（第一层次：筛选值/控制值）

根据地块现状、各种参数的设定、地块污染物调查结果，评估现有污染地块对人体健康风险的影响，计算出致癌风险，评估风险是否在可接受的风险范围之内，本次评估致癌风险值 10^{-6}。

根据模型计算，该地块最大浓度下，该地块单一污染物致癌风险为 8.89E-04，远远超过可接受致癌风险限值的 1.0E-06，表明该地块对人体健康存在不可接受风险，风险极高，必须采取风险管控或修复措施。土壤单一污染物致癌风险情况，见表 1-10。

表 1-10 土壤单一污染物致癌风险情况

关注污染物	浓度/mg·kg^{-1}	不同暴露途径致癌风险			单一污染物致癌风险
		经口摄入	皮肤接触	呼吸吸入	
砷	1020	4.10E+04	4.58E+04	2.14E+05	8.89E+04

参 考 文 献

[1] Li Fei, Zhang Jingdong, Jiang Wei, et al. Spatial health risk assessment and hierarchical risk management for mercury in soils from a typical contaminated site, China [J]. Environmental geochemistry and health, 2017, 39 (4).

[2] 李蘅，徐文炘，梁文寿，等. 若干冶炼砷渣（场）周边水环境特征研究 [J]. 矿产与地质，2015，29（03）：391~394，401.

[3] 李蘅，徐文炘，梁文寿，等. 若干冶炼砷渣（场）周边水环境特征研究 [J]. 矿产与地质，2015（3）：391~394.

[4] 黄益宗，郝晓伟，雷鸣，等. 重金属污染土壤修复技术及其修复时间 [J]. 农业环境科学学报，2013，32（3）：409~417.

[5] Fendorf S, Michael H A, van Geen A. Spatial and Temporal Variations of Groundwater Arsenic in South and Southeast Asia. Science [J]. 2010, 328: 1123~1127.

[6] Chowdhury U K, Biswas B K, Chowdhury T R, et al. Groundwater arsenic Contamination in Bangladesh and West Bengal, India. Environmental health perspectives [J]. 2000, 108: 393~397.

[7] Wasserman Gail A, Liu Xinhua, Parvez Faruque, et al. Water arsenic exposure and intellectual function in 6-year-old children in Araihazar, Bangladesh [J]. Environmental health perspectives, 2007, 115 (2).

[8] Chen Yu, Ahsan Habibul. Cancer burden from arsenic in drinking water in Bangladesh [J]. American journal of public health, 2004, 94 (5).

[9] Chen C J, Chiou H Y, Chiang M H, et al. Dose-response relationship between ischemic heart disease mortality and long-term arsenic exposure [J]. Arteriosclerosis, thrombosis, and vascular biology, 1996, 16 (4).

[10] 王春旭，李生志，许荣玉. 环境中砷的存在形态研究 [J]. 环境科学，1993，14（4）：

53~57.

[11] 山泉登 . 微量元素 [M]. 北京：人民卫生出版社，1983.

[12] 翁焕新，张宵宇，皱乐君，等 . 中国土壤中砷的自然存在状况及其成因分析 [J]. 浙江大学学报 (工学版)，2000，34 (1)：88~92.

[13] Bissen M，Frimmel F H. Arsenic-a review. Part I：Occurrence，toxicity，speciation，mobility [J]. Acta Hydroch Hydrob，2003，31 (1)：9~18.

[14] Taylor S R，McLennan S M. The Continental Crust：Its Composition and Evolution [M]. Blackwell Scientific：Oxford，1985.

[15] 陈怀满 . 环境土壤学 [M]. 北京：科学出版社，2005.

[16] 蒋成爱，吴启堂，陈杖榴 . 土壤中砷污染研究进展 [J]. 土壤，2004，36 (3)：246~270.

[17] Nriagu J O，Pacyna J M. Quantitative assessment of world wide contamination of air，water and soils by trac metals [J]. Nature，1988，333：134~139.

[18] 孙媛媛 . 几种钝化剂对土壤砷生物有效性的影响与机理 [D]. 中国农业大学，2015，104.

[19] 陈同斌，韦朝阳，黄泽春，等 . 砷超富集植物蜈蚣草及其对砷的富集特征 [J]. 科学通报 . 2002：207~210.

[20] 李莲芳，耿志席，苏世鸣，等 . 氮肥形态及用量对土壤砷生物有效性的影响研究 [J]. 农业环境科学学报 . 2013：1341~1347.

[21] Alam G M，Tokunaga S，Maekawa T. Extraction of arsenic in a synthetic arsenic contaminated soil using phosphate [J]. Chemosphere，2001，43 (8)：1035~1041.

[22] 谢正苗，黄昌勇 . 不同价态砷在母质中的形态转化及其土壤性质的关系 [J]. 农业环境保护，1988，7 (5)：21~24.

[23] 李懋 . 硅和秸秆使用对水稻响应旱改水和砷胁迫的影响 [D]. 华中农业大学，2014，86.

[24] H Brammer，Ravenscroft P. Arsenic in groundwater a threat to sustainable agriculture in South and South-east Asia [J]. Environ Int，2009，35 (3)：647~654.

[25] B Li，Zhang X，Guo F，et al. Characterization of tetracycline resistant bacterial community in saline activated sludge using batch stress incubation with high-throughput sequencing analysis Water Res [J] . 2013，47 (13)：4207~4216.

[26] Lin L，Gao M，Qiu W，et al. Reduced arsenic accumulation in indicarice (Oryza sativa L.) cultivar with ferromanganese oxide impregnated biochar composites amendments [J]. Environ Pollut. 2017，231 (Pt 1)：479~486.

[27] Hu P，Huang J，Ouyang Y，et al. Water management affects arsenic and cadmium accumulation in different rice cultivars [J]. Environ Geochen Health. 2013，35 (6)：767~778.

[28] 薛培英，刘文菊，刘会玲，等 . 中轻度砷污染土壤-水稻体系中砷迁移行为研究 [J]. 土壤学报，2010 (05)：872~879.

[29] 环境保护部 . HJ 25. 1-2014. 地块环境调查技术导则 [S]. 北京：中国环境科学出版社，2014.

[30] 环境保护部 . HJ 25. 3-2014. 污染地块风险评估技术导则［S］. 北京：中国环境科学出版社，2014.
[31] 国家环境保护总局 . HJ/T 144-2004 土壤环境监测技术规范［S］. 北京：中国环境出版社，2004.
[32] 李勇 . 重金属的生态地球化学与人群健康研究［M］. 广州：中山大学出版社，2014.

2 固化/稳定化安全处置砷污染地块技术与应用

固化/稳定化技术是治理含砷废渣的一种行之有效的途径，本章系统的介绍水泥固化砷污染物技术、石灰固化砷污染物技术、沥青固化砷污染物技术、塑性固化砷污染物技术以及化学稳定化砷污染物技术的原理及影响因素，讨论了各种固化/稳定化技术的优势及不足。固化/稳定化技术应用效果需要进行评价，本章从抗压强度、渗透性能以及浸出毒性等三方面对固化稳定化技术进行评价，并详细介绍了其方法。最后本章以云南省文山市历史遗存的砷冶炼废渣治理项目作为案例，详细介绍了固化/稳定化技术应用实例。

2.1 砷污染物固化/稳定化概述

含砷废渣作为一种持久性污染物被人们广泛关注，固化/稳定化技术是治理含砷废渣的一种行之有效的途径。所谓固化处理是利用物理-化学方法将危险废弃物掺合并包裹在密实的惰性材料中，使危险废弃物稳定化的一种过程。固化过程主要有两种方法：一是将危险废弃物通过化学转变或引入到某种稳定的晶格中的；将危险废弃物用惰性材料包裹的过程。含砷污染物的稳定化技术指通过添加稳定剂，将污染物转化成化学性质不活泼的形态，阻止其在环境中的迁移、扩散等过程，从而降低污染物毒害程度的修复技术，能够稳定化土壤污染物的反应剂，可以是一种，也可以是多种反应剂的混合物。稳定化处理包括原位修复和异位修复，原位修复是指不经挖掘，直接在原地对污染土壤进行稳定化处理。异位修复指将污染土壤挖出后再进行稳定化处理。

砷污染物固化稳定化技术的技术原理是：

（1）减少固液两相的接触面积；

（2）减少固体在液体中的溶解度；

（3）用惰性材料实现对有害重金属的物理包裹；

（4）使重金属元素作为溶质原子溶入到某固体溶剂的晶格点阵中，形成代位、缺位或间隙固溶体。

固化稳定化技术最早是用来处理放射性污泥和蒸发浓缩液的，近几年来由于科技的发展和实验的多方面研究，此种固化稳定化技术得到了迅速的发展，迅速用于砷污染物处理。据统计，自2005年以来，在我国已有超过100项污染地块修复采用稳定化技术。

固定化稳定化的优点：固化体的组织比较紧实，耐压性好；材料易得、成本低；技术成熟，操作处理比较简单；可以处理多种污染物，处理过程所需时间较短。固化块的强度、密实性、耐热性、耐久性均好，产品易于处置，材料的天然碱性有利于中和废物的酸度。根据固化基材及固化过程，目前常用的固化/稳定化技术主要包括以下几种类型：水泥固化、石灰固化、化学药剂稳定化、熔融固化、塑性材料固化和自胶结固化。砷污染物固化稳定化技术常常作为砷污染物预处理技术。

2.2 砷污染物固化技术

2.2.1 水泥固化砷污染物技术

水泥是最常用的一种固化剂，由于水泥是一种无机胶结材料，经过水化反应后可以生成坚硬的水泥固化体，从而达到降低废物中危险成分浸出的目的，是固化处理方法中最为经济和常用的。目前，以水泥基材稳定化技术已广泛用于处理各种废物，其工艺设备技术有比较成熟的经验，实践证明是适用性最为广泛的技术之一，含砷废弃物可以通过此种技术得到固化。因水泥是碱性物质，可与废酸类废物直接进行中和，由于水泥固化时需要用到水作反应剂，所以对含水量比较大的废物也适用。

水泥固化是将废物和普通水泥混合，利用水泥的水合和水硬胶凝作用使废物形成具有一定强度的固化体，从而达到降低废物中危险成分浸出的一种固化处理的方法。

水泥是水硬性胶凝材料，其主要成分为SiO_2、CaO、Al_2O_3和Fe_2O_3，加水后能发生水化反应，逐渐凝结和硬化。水泥中的硅酸盐阴离子是以孤立的四面体存在，水化时逐渐连接成二聚物以及多聚物——水化硅酸钙（CSH），同时产生氢氧化钙。CSH是一种由不同聚合度的水化物所组成的固体凝胶，是水泥凝结作用的最主要物质，也可以对污染物进行物理包封、吸附或化学键合等作用，是污染物稳定化的根本保证。水泥固化砷污染物时，为增加处理效果，常常还需要添加一些添加剂，主要包括蛭石、沸石、多种黏土矿物、水玻璃、五级缓凝剂、五级速凝剂和骨料等无机添加剂以及硬脂肪酸丁酯、柠檬酸等有机添加剂。

如图2-1所示，是一种含砷电镀污泥水泥固化处理工艺流程，按照一定的比例将含砷电镀污泥、水泥以及添加剂与水混合，在水泥的水合和水硬胶凝作用下，含砷电镀污泥被固化处理，再经过成型、养护等过程形成较高强度的固化物，降低砷的浸出风险，最终将水泥固化后的含砷电镀污泥转运、安全填埋处理。

目前，已知有多种化学物质可对固化作用的过程和结果产生直接或间接的影响，具体见表2-1。此外，对于固化/稳定化产物，也有许多内部因素和外部环境因素可能对其性能产生影响。内部因素包括固化/稳定化产物自身固有的物理与化学因素，也包括放置固化/稳定化产物的地下环境中特有的一些因素，这些因素应在可行性试验研究阶段进行识别和确定；影响固化/稳定化产物性能的外部因素主要为一些外部环境因素。具体影响因素如图 2-2 所示的水泥类固化/稳定化产物。

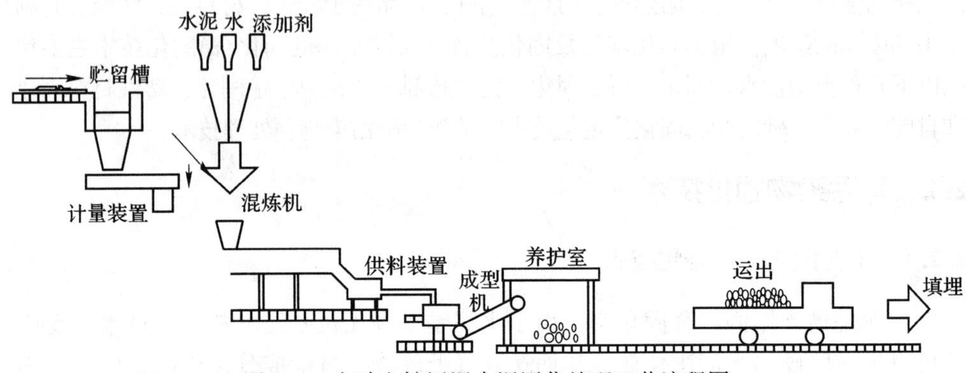

图 2-1 含砷电镀污泥水泥固化处理工艺流程图

表 2-1 可能影响固化作用的因素

影 响 因 素	可能的影响方式
重金属（铅、铬、镉、砷、汞）	如果重金属浓度过高，将延长硬化所需时间
硝酸盐、氰化物	延长硬化时间，降低以水泥为基础的固化产物的耐久性
降低整体 pH 值的环境及土壤特性	导致最终固化体退化
凝结剂（例如氯化铁）	影响水泥及水泥类固化体的硬化
土壤中超过 0.01%或水中超过 150mg/L 的可溶性硫酸盐	硫会对水泥固化体产生破坏作用
土壤中超过 0.5%或水中超过 2000mg/L 的可溶性硫酸盐	硫会对水泥固化体产生严重的破坏作用
脂肪烃和芳香烃化合物	延长水泥硬化所需时间
含氯有机物	如果浓度过高，将延长水泥硬化时间，并降低耐久性
金属盐类及复合物	延长水泥或黏土/水泥的硬化时间，并降低耐久性
无机酸	降低水泥（硅酸盐水泥）或黏土/水泥的耐久性
无机碱（如氢氧化钾和氢氧化钠）	降低黏土/水泥的耐久性
有机化合物	有机物可能会干扰土壤和无机固化剂的结合
半挥发性有机化合物或多环芳烃化合物	有机物可能会干扰土壤与黏合剂的结合
油脂	油脂会包覆土壤颗粒，降低土壤和黏合剂的结合
细颗粒物质	由于细颗粒物质（通过 200 号筛网的不可溶颗粒）会包覆较大的颗粒物质，降低土壤颗粒和固化剂或其他添加剂的结合
卤素	阻碍固化体形成，容易从水泥或硅酸盐水泥固化体中溶出，或使热塑性固化体脱水

续表 2-1

影 响 因 素	可能的影响方式
锰、锡、锌、铜、铅等可溶性盐类	由于各种重金属盐类的存在，固化体硬化时间出现差异，将影响固化体的稳定性或降低固化产物的物理结合力，增加重金属浸出风险
氰化物	氰化物会干扰土壤与黏合剂的结合
砷酸钠、硼酸盐、磷酸盐、碘酸盐、硫化物及碳水化合物	减缓固化或硬化进程，减弱最终固化体的强度
硫酸盐	减缓硬化进程，并导致水泥固化/稳定化产物膨胀或碎裂；对热塑性的固化过程，可造成脱水及再水化，容易导致固化体破裂
酚	高酚含量会导致压缩力明显减弱
煤或褐煤	煤和褐煤会影响固化程序及最终产物的强度
硼酸钠、硫酸钙、重铬酸钾及碳水化合物	硅酸钙和铝酸水合物的形成会阻碍硅酸盐水泥的固化反应
非极性有机物（油脂、芳香烃、多氯联苯）	影响水泥、硅酸盐水泥或有机聚合物的硬化，降低固化体长期的耐久性；对于热塑性固化体，高温将使有机物挥发
极性有机物（醇、酚、有机酸、乙二醇）	高浓度的酚会减弱硬化程度，降低水泥类固化体的短期及长期耐久性；热塑性固化/稳定化将会造成有机物挥发，而乙醇会减弱硅酸盐水泥固化体的硬化
固体有机物（塑料、沥青、树脂）	对尿素甲醛聚合物的形成效果不佳，或许也会对其他聚合物的硬化程度有影响
氧化剂（次氯酸钠、过锰酸钾、硝酸，或重铬酸钾）	对热塑性及有机聚合固化体可能造成破坏，或导致起火燃烧

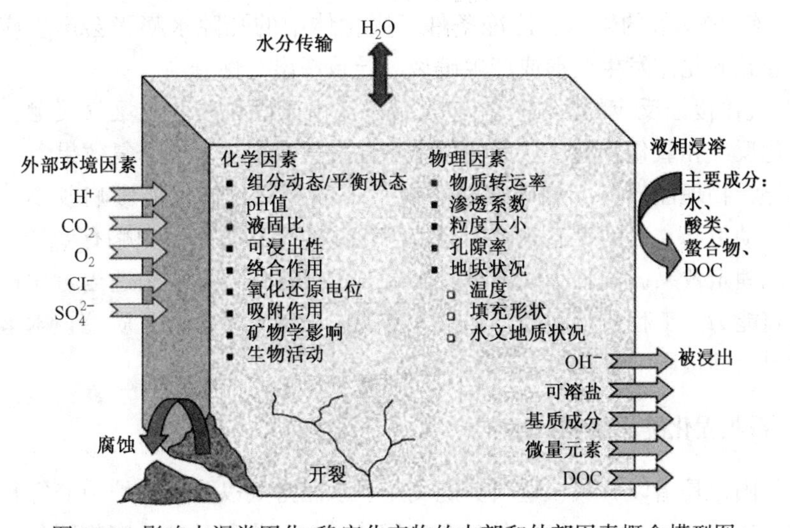

图 2-2 影响水泥类固化/稳定化产物的内部和外部因素概念模型图

影响固化/稳定化产物性能的内部物理因素主要包括固化/稳定化产物的单元尺寸、渗透系数、孔隙度等，其中，渗透系数是最重要的内部因素，决定着地下水与固化/稳定化产物接触的方式，比如渗透性高时地下水会穿透和流过固化/稳定化产物的内部，而渗透性低时地下水只是围绕其表面（绕行）流过。

内部化学因素中 pH 值对固化/稳定化产物性能的影响最大，因为其既可影响污染物的浸出特性（如通过改变污染物的形态），也可影响固化/稳定化产物的结构性能（如使提供强度的矿物质发生溶解）。pH 值的主要影响对象包括：水泥类固化/稳定化产物的酸中和能力；无机污染物在固化/稳定化产物中的赋存形态（如离子交换态、吸附态、在孔隙水中的沉淀态等）；吸附有机污染物的有机质（腐殖酸、富里酸等）。

外部因素对固化/稳定化产物的影响与固化/稳定化产物在地下放置的位置有关，尤其与地下水位之间的相对位置有关，具体包括：

(1) 饱和带水流影响：在饱和带中，地下水会缓慢渗过固化/稳定化产物或从其表面绕行。一般情况下，只要地下水状况保持稳定，固化/稳定化产物的性质基本保持不变，且可根据相关模型预测产物中污染物的浸出特性。

(2) 包气带水流影响：在包气带中，固化/稳定化产物主要受到雨水下渗的影响，但这种影响相对于饱和带中地下水流动的影响要小得多，因此，固化/稳定化产物在包气带中的耐久性一般比在饱和带中要好一些。包气带中可能对固化/稳定化产物产生影响的主要因素有：

1) 干-湿交替的影响：干-湿交替可能会导致固化体收缩开裂，但通常不会影响到固化体的整体结构。必要时应对固化体的耐干-湿交替能力进行评估，也可测定干-湿交替对浸出毒性的影响。

2) 冻-融交替的影响：冷冻条件下固化体中的孔隙水膨胀会产生应力，严重时可导致固化体发生变形或产生破裂，导致浸出毒性升高。

3) 气体侵蚀反应的影响：在包气带中，由于固化体与土壤气接触，容易发生碳酸化反应和氧化反应，从而使浸出特性发生改变，影响修复效果。

另外，物理性损坏（如破裂和磨损）一般对固化体性能影响较小，并且多由地震活动引起。大的贯通式破裂会使固化体的外部暴露面积略有增加，但这对污染物的固定效果影响较小。不过，必要时也可在修复过程中适当考虑提高固化体的抗震能力。工程质量问题，如设计错误、施工水平低下、质控技术落后等人为因素也会间接影响固化/稳定化产物的各项性能。

2.2.2 石灰固化砷污染物技术

石灰固化是指以石灰、垃圾焚烧飞灰、水泥窑灰以及熔矿炉炉渣等具有波索来反应（Pozzolanic Reaction）的物质为固化基材而进行的危险废物固化稳定化的方法。在适当的催化环境下进行波索来反应，石灰和活性硅酸盐骨料与水反应可生成坚硬的物质，将含砷废物中的重金属成分吸附于所产生的胶体结晶中而达到包容废物的目的。石灰是一种非水硬性胶凝材料，其中的 Ca 和废物中的硅铝酸根形成硅酸钙、铝酸钙的水化物或者硅铝酸钙，起到固化稳定化砷污染物的作用。石灰固化处理所提供的结构强度不如水泥固化，石灰的强碱性并不利于两性元素的固化和稳定，因而较少单独使用，与其他稳定化过程一样，常同时加入少量添加剂来改善其稳定效果（如存在可溶性钡时加入硫酸根）。石灰与硬凝性物料结合产生的黏结性物质能在化学及物理上将废物包裹起来，硬凝性物料包括火山灰和人造材料。火山灰类物质中的活性成分被石灰激活后产生黏结性物质，对污染物进行物理和化学稳定，张复实等利用合成的侧链高分子化合物配位稳定火化飞灰中的重金属，并配合石灰固化飞灰与土壤的混合物，实现飞灰的无害直接填埋。石灰固化工艺设备简单，操作方便。但其固化产品具有多孔性，有利于污染物质的浸出，且抗压强度和抗浸泡性能不佳，此外由于添加石灰和其他添加剂，会使废物固化后的体积增加，固化物容易受到酸性溶液的浸蚀。

使用石灰作为稳定剂同时具有中和废渣 pH 的效果。石灰固化适用于稳定石油、冶炼污泥、重金属污泥、氧化物、废酸等含砷无机污染物。石灰固化方法简单，物料来源方便，操作不需特殊设备及技术，比水泥固化便宜。

2.2.3 沥青固化砷污染物技术

沥青固化砷污染物是以沥青类材料作固化剂，与含砷污染物在一定的温度下均匀混合，产生皂化反应，使有害物质包容在沥青中形成固化体，从而达到稳定。固化操作有两种：一是将沥青加热，利用在高温下可以变成熔融胶黏性液体将含砷废物掺合、包覆在沥青中，冷却后即形成沥青固化体；另一种是利用乳化剂将沥青乳化，用乳化沥青涂覆含砷废物，然后破乳、脱水，即完成废物的沥青固化处理。此法可以在室温下完成。当固化湿废物时的排水问题，这是因为沥青的导热性差，加热蒸发的效率不高，若废物所含水分较大，蒸发时会有起泡和雾沫夹带现象，带出废物中的有害物质。沥青固化处理后所生成的固化体空隙小，致密度高，难于被水浸透，抗浸出性极高。沥青固化一般可用来处理中、低放射性蒸发残液，废水化学处理产生的含砷污泥。焚烧炉产生的灰分以及毒性较大的电镀污泥和砷渣等危险废物。沥青属于憎水物质，完整的沥青固化体具有优良的防水性能。沥青还具有良好的黏结性和化学稳定性，而且对于大多数酸和碱有较高的耐腐蚀性，所以长期以来被用作低水平放射性废物的主要固化材料之一。沥青固化的废物与固化基材之间的质量比通常为（1∶1）~（2∶1），固化产物的增容率 30%~50%。但因物料需要在高温下操作，其操作安全性相对较差，设备的投资费用与运行费用比水泥固化和石灰固化法高。

2.2.4　塑性固化砷污染物技术

以塑料为固化剂与有害物质按一定的配料比，并加入适量的催化剂和填料进行搅拌混合，使其共聚合固化而将有害废物包容形成具有一定强度和稳定性的固化体。一般用于处理毒性危害大的化学废物，如砷化物、氰化物。塑料固化的优点是可在常温下操作，增容率和固化体的密度较小，为使混合物聚合凝结仅需加入少量的催化剂，且固化体是不可燃的。缺点是塑料固化体耐老化性能较差，固化体一旦破裂，浸出的污染物会污染环境，因此处理前应有容器包装，故增加了处理费用，另在混合过程中释放有害烟雾，还需熟练的操作技术以保证固化质量。

塑性材料固化法属于有机性固化/稳定化处理技术，由使用材料的性能不同，可以把该技术划分为热固性塑料包容和热塑性包容两种方法。

热固性塑料是指在加热时会从液体变成固体并硬化的材料。它与一般物质的不同之处在于，这种材料即使以后再次加热也不会重新液化或软化。它实际上是一种由小分子变成大分子的交链聚合过程。危险废物也常常使用热固性有机聚合物达到稳定化。它是用热固性有机单体例如脲醛和已经过粉碎处理的废物充分地混合，在助絮剂和催化剂的作用下产生聚合以形成海绵状的聚合物质。从而在每个废物颗粒的周围形成一层不透水的保护膜。但在用此方法处理时，经常有一部分液体废物遗留下来，因此在进行最终处置以前还需要进行一次干化。目前使用较多的材料是脲甲醛、聚醋和聚丁二烯等，有时也可使用酚醛树脂或环氧树脂。由于在绝大多数这种过程中废物与包封材料之间不进行化学反应，所以包封的效果仅分别取决于废物自身的形态（颗粒度、含水量等）以及进行聚合的条件。

该法的主要优点是与其他方法相比，大部分引人较低密度的物质。所需要的添加剂数量也较小。热固性塑料包封法在过去曾是固化低水平有机放射性废物（如放射性离子交换树脂）的重要方法之一。同时也可用于稳定非蒸发性的、液体状态的有机危险废物。由于需要对所有废物颗粒进行包封，在适当选择包容物质的条件下，可以达到十分理想的包容效果。

此方法的缺点是操作过程复杂，热固性材料自身价格高昂，且由于操作中有机物的挥发，容易引起燃烧起火，所以通常不能在现场大规模应用。可以认为该法只能处理小量、高危害性废物。

用热塑性材料包容时可以用熔融的热塑性物质在高温下与危险废物混合，以达到对其稳定化的目的。可以使用的热塑性物质如沥青、石蜡、聚乙烯、聚丙烯等。在冷却以后，废物就为固化的热塑性物质所包容，包容后的废物可以在经过一定的包装后进行处置。该法的主要缺点是在高温下进行操作会带来很多不方便之处，而且较为耗费能量；操作时会产生大量的挥发性物质，其中有些是有害的物质。另外，有时在含砷废物中含有影响稳定剂的热塑性物质或者某些溶剂，影响最终的稳定效果。

在操作时，通常是先将废物干燥脱水，然后将聚合物与废物在适当的高温下混合，并在升温的条件下将水分蒸发掉。该法可以使用间歇式工艺，也可以使用连续操作的设备。与水泥等无机材料的固化工艺相比，除去污染物的浸出率低得多外，由于需要的包容材料少，又在高温下蒸发了大量的水分，它的增容率也就较低。

2.2.5　化学稳定化砷污染物技术

近年来，国际上提出采用高效的化学稳定化药剂进行重金属废物的无害化处理的概念，并已成为重金属废物无害化处理领域的研究热点。加入药剂的目的是改变土壤的物理、化学性质，具体有以下几种类型：

（1）pH 值控制技术的原理为在重金属废物中加入碱性药剂，将其 pH 值调整至使重金属离子在最小溶解度范围内，从而实现稳定化。常用的 pH 值调整剂有 CaO、$Ca(OH)_2$、Na_2CO_3 和 $NaOH$ 等其他碱性物质；

（2）氧化/还原电势控制技术将重金属离子还原为最有利的价态，使其更易沉淀，常用的还原剂有：硫酸亚铁、硫代硫酸钠、亚硫酸氢钠、二氧化硫等；

（3）常用的沉淀技术有：氧化物沉淀、硫化物沉淀、硅酸盐沉淀、共沉淀、无机络合物沉淀和有机络合物沉淀；

（4）吸附技术常用的吸附剂有：活性炭、黏土、金属氧化物（氧化铁、氧化镁、氧化铝等）、天然材料（锯末、沙、泥炭等）、人工材料（飞灰、活性氧化铝、有机聚合物等）。

（5）离子交换技术常用的离子交换剂有：有机离子交换树脂、天然或人工合成的沸石、硅胶等。汪莉等利用单质硫能有效地固定渣中的重金属，随着硫加入量的增加，固化体浸出液中的镉和锌浓度降低，固定效果增强。用化学稳定化技术处理危险废物，可以使废物达到无害化的同时，还可以达到少增容或不增容，从而提高危险废物处理处置体系的总体效果和经济型。

化学稳定化技术是利用化学药剂通过化学反应使有毒有害物质转变为低溶解性、低迁移性或低毒物质的过程。其优点是可以在实现废物无害化的同时，达到废物少增容或不增容，从而提高废物处理处置的效率和经济性；并且还可以提高稳定化的长期稳定性，减少最终处置过程中稳定化效率低而可能对环境造成的二次污染。常用的化学稳定化技术主要有：pH 值控制技术、沉淀技术、氧化还原技术。

1）pH 值控制技术：加入碱性药剂，将 pH 值调整到使重金属离子具有最小溶解度的范围，从而实现稳定化。因为大部分金属离子的溶解度与 pH 值有关，

pH 值对于金属离子的固定有显著影响。大多数金属在 pH 值为 8.0~9.7 范围内基本沉淀完成，但 pH 值过高时，会形成带负电荷的羟基络合物，溶解度反而升高。常用的 pH 值调节剂有石灰、苏打、氢氧化钠等。

2）沉淀技术：药剂稳定化技术中应用最广的是无机硫化物沉淀剂，大多数重金属硫化物在所有 pH 值下溶解度都大大低于其氢氧化物，但为防止 H_2S 逸出和沉淀物再次溶解，一般需将 pH 值保持在 8 以上。常用的无机硫化物沉淀剂有：可溶性无机硫化沉淀剂（硫化钠、硫氢化钠、硫化钙）；不可溶性无机硫沉淀剂（硫化亚铁、单质硫）。

3）氧化还原技术：化学氧化即通过氧化剂，将污染物氧化成低毒、稳定的化合物。常用的氧化剂有含催化剂的过氧化氢类物质、高锰酸钾、臭氧、过硫酸钠等。化学还原则是通过还原剂，将污染无还原成低毒、稳定的化合物，如通过还原剂将高毒的六价铬还原为低毒的三价铬、五价砷还原为三价砷。还原剂有硫酸亚铁、硫代硫酸钠、亚硫酸氢钠、二氧化硫等。

2.3 固化稳定化效果评价

修复效果评估以稳定化产物能有效控制污染物的释放，从而实现对地下水（或地表水）的保护为主要目标，主要评价指标包括稳定化产物的物理性能（抗压强度）、渗透性能（渗透系数）和浸出毒性。特定条件下，还应评估其抗干-湿性（用试验结果进行评价）、抗冻-融性（用试验结果进行评价）、耐腐蚀性（用试验结果进行评价）和耐热性（导热与不可燃性，用实验结果进行评价）等。

2.3.1 抗压强度评估

稳定化产物的抗压强度可通过无侧限抗压强度试验进行评估。无侧限抗压强度用来表征稳定化产物承受机械压力的能力，其大小与稳定化产物的水化反应程度及耐久性有关，是评价稳定化效果的重要参考指标之一。

稳定化产物的抗压强度应根据其最终用途或接收地的相关要求来确定。对于一般的危险废物，稳定化产物的无侧限抗压强度在 0.1~0.5MPa 便可；用做建筑材料，需要>10MPa；处理放射性废物产出的稳定化产物的抗压强度要>20MPa；做卫生填埋处理时，根据《生活垃圾卫生填埋处理技术规范》（GB 50869）的相关规定，需要满足无侧限抗压强度≥50kPa 的相关规定；做公路路基时，根据《城镇道路工程施工与质量验收规范》（CJJ 01）的规定，城市快速路、主干路基层水泥稳定土类材料 7 天无侧限抗压强度为 3.0~4.0MPa，底基层为 1.5~2.5MPa；其他等级道路基层为 2.5~3.0MPa，底基层为 1.5~2.0MPa。抗压强度检测方法与标准可参考国内相关技术规程，如《后锚固法检测混凝土抗压强度技术规程》(JGJ/T 208)、《水泥胶砂强度检验方法(ISO法)》(GB/T 17671)、《公路工程无机结合料稳定材料试验规程》(JTGE 51)、《公路工程质量检验评定标准》(JTGF 80/1)等。

2.3.2 渗透性能评估

稳定化产物的抗水渗透性能可通过渗透试验来评价。常用的试验方法为《普通混凝土长期性能和耐久性能试验方法标准》(GB/T 50082)中的抗水渗透试验方法。由于稳定化产物的渗透系数较小，为了准确且快速测定其渗透系数，一般采用变水头试验法，将稳定化产物密封后压入到抗渗仪的试模中，每隔一定时间增加一定的水压，测定稳定化产物表面的渗水体积。

测定稳定化产物渗透性能的典型装置如图2-3所示。

图2-3 渗透系数测定装置

2.3.3 浸出毒性评估

根据稳定化产物的最终去向与用途，可选择适当的浸出毒性方法对稳定化产物进行浸出毒性评估，评估标准按照稳定化产物接收地的相关要求确定。对于稳定化后原位回填的土壤，其浸出毒性的评估方法可参照《固体废物浸出毒性浸出方法水平振荡法》(HJ 557)，评估标准一般采用《地表水环境质量标准》(GB 3838)的Ⅳ类标准；若修复目标地块边界半径2000m范围内存在饮用水源地、集中地下水开采区、涉水风景名胜区和自然保护区等水环境敏感点则执行Ⅲ类标准。对于用于填埋的固体废物，其浸出毒性的评估方法可参照《固体废物浸出毒性浸出方法硫酸硝酸法》(HJ/T 299)，毒性浸出评估标准可参考《危险废物填埋污染控制标准》(GB 18598)。

稳定化产物长期浸出毒性评估可采用MINTEQA2、PHREEQC等热力学模型以及费克扩散模型、缩核模型等进行评估。浸出毒性的评估指标一般为浸出率

（R_n），指标准比表面积的样品每日浸出污染物的量，计算公式为：

$$R_n = \frac{a_n/A_0}{(F/V)_{t_n}}(\mathrm{cm/d})$$

式中　a_n——第 n 个浸提剂更换期内浸出的污染物质量，g；

A_0——样品中原有污染物质量，g；

F——样品暴露出来的面积，cm^2；

V——样品的体积，cm^3；

t_n——第 n 个浸取剂更换期所经历的时间，d。

稳定化产物的抗干-湿性、抗冻-融性、耐腐蚀性和耐热性等评价可参考国内相关的标准，如《水泥抗硫酸盐浸蚀试验方法》（GB/T 749—2008），或通过试验确定。

2.3.4　增容比评估

由于添加了稳定化药剂，稳定化产物的体积较原介质的体积会有所增加，可通过计算增容比来描述其体积增量，即危险废物处理后稳定化产物体积与危险废物原体积比，计算公式为：

$$C_i = \frac{V_2}{V_1}$$

式中　C_i——增容比；

V_1——处理前危险废物的体积，m^3；

V_2——稳定化产物体积，m^3。

增容比是评价稳定化处理方法和衡量最终成本的一项重要指标，该指标越低越好。

2.4　固化稳定化处理技术应用典型案例

文山市有色金属储量丰富，是云南有色金属采选冶产业最发达的地区之一，其雄黄矿的开采和冶炼历史悠久，自 20 世纪 50 年代以来，随着文山砒霜厂等国有企业的成立，文山市砷的开采冶炼步入大规模工业化时代，其砒霜（三氧化二砷）产量多年居全国首位。至 90 年代末，砷及其化合物产品市场逐步被其他产品替代，企业经济效益迅速下滑或亏损，加之砷冶炼企业工艺装备落后、环境污染严重及国家清理“十五小企业”政策的出台和实施，逐步关停了部分砒霜生产线或生产企业，现在已全部停产关闭，但这些企业数十年采选冶炼生产过程遗留下来的砷渣（废物属性为危险废物）成为无业主废物。砷属一类污染物质，其三价氧化物砒霜属剧毒类物质，是传统毒药。砷矿经火法冶炼后，砷几乎全部由硫化态转变为氧化态，因此毒性极高，环境风险巨大，对周边环境造成持续污染。

文山市历史遗留砷渣主要分布在薄竹镇摆依寨片区、薄竹镇双胞塘片区、薄竹镇乐诗冲以坞新寨片区、小街镇二河沟片区、小街镇石丫口片区、东山乡金鸡塘片区等。目前，东山乡金鸡塘片区砷渣处置工程已完成，薄竹镇双胞塘片区历史遗留砷渣处置过程正在建设过程中，其余砷渣堆存点薄竹镇摆依寨片区（联营厂、青年炉、3号炉、4号炉、大炉子）、薄竹镇乐诗冲以坞新寨片区、小街镇片区（二河沟、石丫口），还有约74.93万吨砷渣及污染土壤待处置。

2.4.1　废渣属性

该项目含砷废渣包括云南省文山市历史遗存的砷冶炼废渣、山谷内含砷表土以及含砷土壤，均为危险废物，总量约75万吨。目前，这些废渣露天堆置于山谷内共有11废渣堆存点，共672734t砷渣。摆依寨片区（联营厂、青年炉、3号炉、4号炉、大炉子）41.86万吨、薄竹镇乐诗冲以坞新寨片区2.58万吨、小街镇片区（二河沟、石丫口）15.91万吨。具体储量见表2-2。

五个片区废渣及需要治理的含砷废渣储量分别核算后，统计本项目需要处理的含砷废渣总量为41.63万立方米，74.93万吨，统计结果见表2-2。

表2-2　含砷废渣储量统计一览表

名　称	面积/m^2	体积/m^3	重量/t
大炉子	1940	18177	32719
青年炉	9856	66849	120328
联营厂	25742	278781	501807
3号生产区	319	1276	2297
4号生产区	3786	31571	56828
二河沟	4230	6254	11256
以坞新寨	4900	5741	10333
石丫口	5516	7635	13744
总量	56289	416284	749312

分别对摆依寨、二河沟、以坞新寨和石丫口的含砷废渣及土壤样品进行采集检测，检测结果如表2-3所示。砷渣堆存点周边土壤呈弱酸性，pH值在5左右，检测结果按《土壤环境质量农用地土壤污染风险管控标准（试行）》（GB 15618—2018）的二级标准中pH<6.5的限值进行评价。检测结果所示，各个片区历史遗留砷渣及周边土壤中砷元素含量均超过《土壤环境质量农用地土壤污染风险管控标准（试行）》（GB 15618—2018）的二级标准限值，最大超标倍数1578.55倍，其中砷渣中砷元素含量为9173~63182mg/kg，污染土中砷元素含量为954~8765mg/kg；周边土壤中砷、锌、铜、镉元素含量也存在明显的超标情

况，表明历史遗留砷渣的堆存对周边土壤造成了严重的污染。

为了进一步鉴定废渣属性，采用《GB 5085.3—2007 危险废物鉴别标准　浸出毒性鉴别》和《HJ 557—2009 固体废物浸出毒性浸出方法水平振荡法（代替 GB 5086.2—1997）》两种方法，对采集自 8 个废渣堆点的边界外土壤、砷渣、污染土和粉质黏土共 32 个样品进行了检测及浸出毒性鉴别，各砷渣堆存点样品浸出液重金属元素浓度见表 2-4。

表 2-3　历史遗留砷渣及土壤样品重金属全量检测结果（2014 年）

位置	样品类型	总　量									
		As	超标倍数	Zn	超标倍数	Cu	超标倍数	Cd	超标倍数	Pb	超标倍数
大炉子	边界外土壤	192	3.80	4726	22.63	84.1	0.68	0.57	0.90	63.7	达标
	砷渣	22594	563.8	7471	36.36	1280	24.60	52.1	172.67	3287	12.15
	污染土	671	15.78	475	1.38	214	3.28	1.28	3.27	116	达标
	粉质黏土	332	7.30	4458	21.29	99.4	0.99	0.44	0.47	50	达标
青年炉	边界外土壤	1912	46.80	418	1.09	219	3.38	4.17	12.90	114	达标
	砷渣	46720	1167.0	10488	51.44	2012	39.13	40.3	133.33	9818	38.27
	污染土	5749	142.7	1061	4.31	1196	22.92	12.7	41.33	776	2.10
	粉质黏土	963	23.08	402	1.01	142	1.84	1.76	4.87	72.6	达标
联营厂	边界外土壤	483	11.08	234	0.17	600	11.00	0.8	1.67	74.2	达标
	砷渣	12424	309.6	2806	13.03	5050	100.0	21.3	70.00	2163	7.65
	污染土	954	22.85	706	2.53	283	4.66	2.55	7.50	188	达标
	粉质黏土	93.9	1.35	96.7	达标	31	达标	0.65	1.17	41.7	达标
3 号炉	边界外土壤	163	3.08	147	达标	40.9	达标	0.32	0.07	80.3	达标
	砷渣	45616	1139.4	10482	51.41	1582	30.64	43.3	143.3	267	0.07
	污染土	7154	177.8	750	2.75	245	3.90	4.17	12.90	213	达标
	粉质黏土	394	8.85	110	达标	127	1.54	0.18	达标	146	达标
4 号炉	边界外土壤	124	2.10	98.7	达标	65.7	0.31	0.67	1.23	124	达标
	砷渣	27127	677.2	4117	19.59	758	14.16	25.3	83.33	27127	107.5
	污染土	1025	24.63	270	0.35	141	1.82	1.4	3.67	1025	3.10
	粉质黏土	151	2.78	140	达标	55.2	0.10	0.65	1.17	70.7	达标
二河沟	边界外土壤	1287	31.18	234	0.17	600	11.00	0.8	1.67	74.2	达标
	砷渣	38788	968.7	2806	13.03	5050	100.0	21.3	70.00	2163	7.65
	污染土	8765	218.2	804	3.02	234	3.68	2.22	6.40	116	达标
	粉质黏土	143	2.58	201	0.01	103	1.06	0.21	达标	63	达标

续表 2-3

位置	样品类型	总量									
		As	超标倍数	Zn	超标倍数	Cu	超标倍数	Cd	超标倍数	Pb	超标倍数
以坞新寨	边界外土壤	550	12.75	4726	22.63	84.1	0.68	0.57	0.90	63.7	达标
	砷渣	9173	228.4	7471	36.36	1280	24.60	52.1	172.7	3287	12.15
	污染土	4161	103.1	706	2.53	283	4.66	2.55	7.50	188	达标
	粉质黏土	250	5.25	102	达标	23	达标	0.44	0.47	21	达标
石丫口	边界外土壤	1273	30.83	198.3	达标	75.6	0.51	3.55	10.83	217	达标
	砷渣	63182	1578	4117	19.59	758	14.16	25.3	83.33	2542	9.17
	污染土	6913	171.8	270	0.35	141	1.82	1.4	3.67	103	达标
	粉质黏土	165	3.13	96.7	达标	31	达标	0.65	1.17	1.7	达标
标准		40		200		50		0.3		250	

表 2-4 历史遗留砷渣及土壤样品重金属浸出毒性检测结果（2014 年）

位置	性质	浸出毒性/mg·L^{-1}				
		砷	锌	铜	镉	铅
大炉子	边界外土壤	0.0001L	0.005L	0.02L	0.005L	0.1L
	砷渣 *	5.48	6.531	0.02L	0.005L	0.1L
	污染土	0.0034	0.220	0.02L	0.005L	0.1L
	粉质黏土	0.0001L	0.980	0.20	0.006	0.1L
青年炉	边界外土壤	0.243	79.64	12.5	0.564	0.1L
	砷渣 *	24.5	3.37	0.86	0.005L	0.1L
	污染土	0.344	9.03	0.27	0.107	0.344
	粉质黏土	0.0764	5.273	0.13	0.051	0.1L
联营厂	边界外土壤	0.0263	1.20	0.06	0.006	0.0263
	砷渣 *	13.5	49.66	9.59	0.742	2.9
	污染土	0.0068	0.153	0.02L	0.005L	0.1L
	粉质黏土	0.0001L	0.005L	0.02L	0.005L	0.1L
3 号炉	边界外土壤	0.0007	0.005L	0.02L	0.005L	0.1L
	砷渣 *	6.39	80.4	6.09	0.516	0.2
	污染土	0.432	86.4	14.2	0.474	0.1L
	粉质黏土	0.0014	0.015	0.02L	0.005L	0.1L

续表 2-4

位置	性质	浸出毒性/mg·L^{-1}				
		砷	锌	铜	镉	铅
4 号炉	边界外土壤	0.0001L	0.036	0.02L	0.005L	0.1L
	砷渣 *	13.66	46.69	6.35	0.696	3.2
	污染土	0.533	24.2	0.27	0.077	0.533
	粉质黏土	0.0001L	0.005L	0.02L	0.005L	0.1L
二河沟	边界外土壤	0.0001L	0.023	0.02L	0.005L	0.1L
	砷渣 *	12.5	45.77	9.43	0.652	2.1
	污染土	0.0054	0.005L	0.02L	0.005L	0.1L
	粉质黏土	0.0001L	0.005L	0.02L	0.005L	0.1L
以坞新寨	边界外土壤	0.0223	1.24	0.05	0.005	0.0145
	砷渣 *	13.7	65.44	8.98	0.212	1.8
	污染土	0.0021	0.005L	0.02L	0.005L	0.1L
	粉质黏土	0.0001L	0.005L	0.02L	0.005L	0.1L
石丫口	边界外土壤	0.0363	1.20	0.03	0.003	0.0263
	砷渣 *	23.7	4.32	0.86	0.005L	0.1L
	污染土	0.0034	0.005L	0.02L	0.005L	0.1L
	粉质黏土	0.0001L	0.005L	0.02L	0.005L	0.1L
标准值	危废	5.0	100	100	1.0	5
	Ⅱ类固废	0.5	2	0.5	0.1	1.0
	Ⅰ类固废	<0.5	<2	<0.5	<0.1	<1.0

注："*"为《HJT 299—2007 固体废物浸出毒性浸出方法硫酸硝酸法》检测结果；未标记"*"为上述方法检测确定非危废后，采用《HJ 557—2009 固体废物浸出毒性浸出方法水平震荡法》测定检测结果；标记"L"为低于检出限。

2.4.2 总体技术方案

该项目采用"挖掘运输+药剂稳定化+安全填埋+地块生态复绿"的总体技术路线，如图 2-4 所示。

该项目采用挖掘机等设备对历史遗留砷渣及污染土壤进行清挖；使用密闭式自卸车将清挖的含砷废渣运输至稳定化处理车间，经稳定化处理并检测满足填埋场入场标准后，运输至文山市历史遗留砷渣安全填埋场进行安全填埋；对清挖完成的历史遗留砷渣堆存点进行覆土和植被恢复，最终实现历史遗留砷渣堆存点的生态恢复与生态重建。主要内容包括：

(1) 薄竹镇摆依寨片区 3 号炉生产区、大炉子生产区和小街镇石丫口片区、

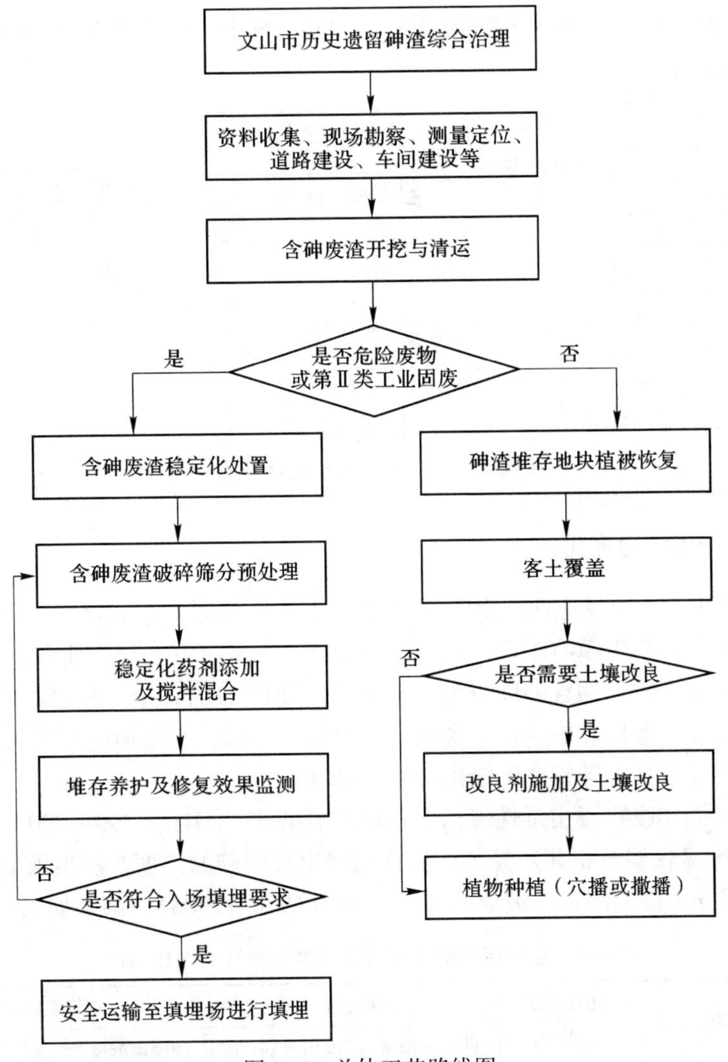

图 2-4 总体工艺路线图

二河沟片区等 8 个砷渣堆存点的含砷废渣及砷污染土壤的挖掘运输方案；

(2) 薄竹镇摆依寨片区 3 号炉生产区、大炉子生产区和小街镇石丫口片区、二河沟片区等 8 个砷渣堆存点含砷废渣清运完成后的地块植被恢复方案；

(3) 薄竹镇摆依寨联营厂砷渣稳定化处理地块及填埋场砷渣稳定化处理地块车间、设备、工艺流程及道路方案；

(4) 稳定化处理后的含砷废渣及砷污染土壤安全填埋工艺方案及填埋过程中渗滤液处理方案。

总体物料平衡计算图，如图 2-5 所示。

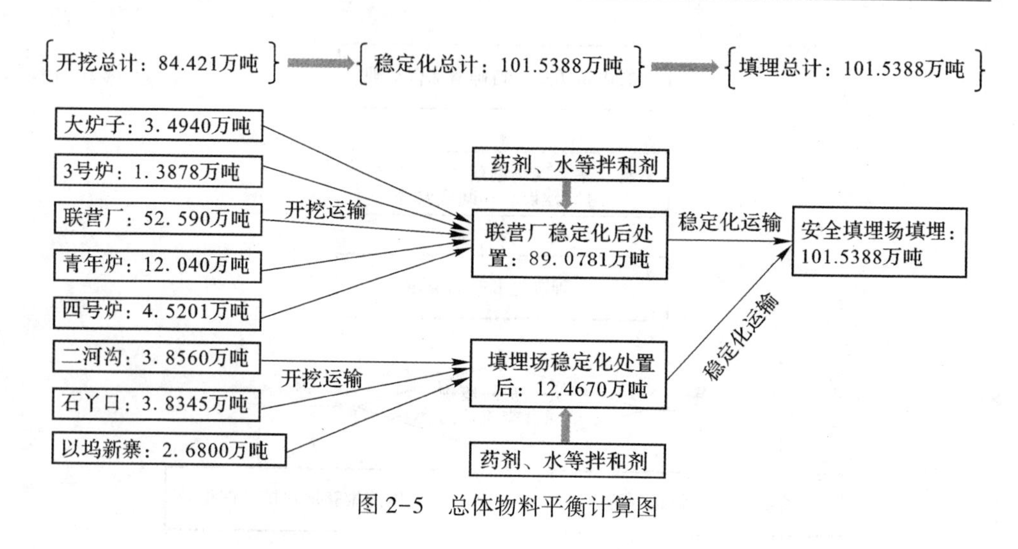

图 2-5　总体物料平衡计算图

2.4.3　含砷废渣稳定化方案

药物配方主要由反应性矿物质：pH 值调节剂：吸附剂：氧化剂＝5：3：1：1 组成，以采集自小街镇石丫口片区、薄竹镇摆依寨片区联营厂、青年炉、大炉子生产区等砷渣堆放点的含砷废渣为试验对象，使用 THHM-04 进行实验室稳定化修复小试验证。保持养护条件、含水率（15%）一致，于添加药剂混匀并养护稳定 3 天后取样检测含砷废渣砷浸出浓度、pH 值。

参照《固体废物浸出毒性浸出方法硫酸硝酸法》（HJ/T 299—2007），用 ICP-MS 和 AFS 等仪器分析测定修复前后样品浸出液中砷的浓度；浸出液 pH 值测定参照《水质 pH 值的测定　玻璃电极法》（GB 6920—1986），结果如表 2-5 所示。

表 2-5　含砷废渣稳定化修复小试结果（THHM-04）

序号	含砷废渣来源	THHM-04 添加量/%	修复前		修复后	
			砷浸出浓度	浸出液 pH 值	砷浸出浓度	浸出液 pH 值
1	文山 · 石丫口	10	23. 8675	3. 46	0. 9831	7. 08
2	文山 · 联营厂	5	12. 0460	4. 56	0. 2945	6. 69
3	文山 · 青年炉	5	3. 5240	3. 31	0. 2932	6. 21
4	文山 · 大炉子	5	5. 1287	3. 49	0. 3379	6. 37

2.4.4　处理后稳定化砷渣理化性质

经过稳定化系统处理后，砷渣稳定化后需满足以下标准（见表 2-6）。

表 2-6 危险废物的稳定化控制限值

序号	项目	稳定化控制限值/mg·L^{-1}
1	有机汞	0.001
2	汞及其化合物（以总汞计）	0.25
3	铅（以总汞计）	5
4	镉（以总汞计）	0.50
5	总铬	12
6	六价铬	2.50
7	铜及其化合物（以总铜计）	75
8	锌及其化合物（以总锌计）	75
9	铍及其化合物（以总铍计）	0.20
10	钡及其化合物（以总钡计）	150
11	镍及其化合物（以总镍计）	15
12	砷及其化合物（以总砷计）	2.5
13	无机氟化物（不包括氟化钙）	100
14	氰化物（以 CN 计）	5

注：1. 粒径为 20~50mm；
2. 根据 GB 5086 和 GB/T 15555.12 测得的稳定化砷渣浸出液 pH 值在 7~12 之间；
3. 含水率小于 85%；
4. 稳定化后需符合表《危险废物填埋污染控制标准》（GB 18598）中 5-1 的污染控制限值。

参考文献

[1] 罗启仕．我国重金属污染土壤稳定化处理工程技术现状［R］．北京：生态修复网，2015.

[2] 郝汉舟，陈同斌，靳孟贵，等．重金属污染土壤稳定/固化修复技术研究进展［J］．应用生态学报，2011，22（3）：816~824.

[3] 薛永杰，朱书景，侯浩波．石灰粉煤灰固化重金属污染土壤的试验研究［J］．粉煤灰，2007，19（3）：10~12.

[4] 王意锟．有机物料、粘土矿物对重金属污染土壤的修复［D］．南京林业大学，2009.

[5] 郭晓潞，张丽艳，施惠生．地聚合物固化/稳定化重金属的影响因素及作用机制［J］．功能材料，2015，5013~5018.

[6] Sun X F，Wu L H，Luo Y M. Application of organic agents in remediation of heavy metals-contaminated soil［J］. Chinese Journal of Applied Ecology，2006，17（6）：1123~1128.

[7] 汪莉，柴立元，闵小波，等．重金属废渣的硫固定稳定化［J］．中国有色金属学报，2008，18（11）：2105~2110.

[8] Ma L Q，Rao G N. Effects of phosphate rock on sequential chemical extraction of lead in contaminated soils［J］. Journal of Environmental Quality，1997：26：788~794.

[9] Cao X，Ma L Q，Singh S P，et al. Field Demonstration of Metal Immobilization in Contaminated

Soils Using Phosphate Amendments: Final Report to the Florida Institute of Phosphate Research [J]. Gainesville, FL: University of Florida, 2001.

[10] U S EPA. Treatment technologies for site cleanup: Annual status report [R]. (Eleventh Edition) Washington D C: Office of Solid Waste and Emergency Response, 2004.

[11] 聂永丰．三废处理工程技术手册：固体废物卷［M］．北京：化学工业出版社，2000：440~450.

[12] GB 5086.2—1997，固体废物浸出毒性浸出方法：水平振荡法［S］.

[13] GB 5085.3—1996，危险废物鉴别标准-浸出毒性鉴别［S］.

[14] GB 5086.1—1997，固体废物浸出毒性浸出方法：翻转法［S］.

[15] Al-TABBA A A, JOHNSON D. State of practice report-Stabilization/Solidification of contaminated materials with wet deep soilmixing [C]//Proc. Deep Soil Mixing - 2005. Sweden: [s. n.], 2005: 697~731.

[16] 孙小峰，吴龙华，骆永明．有机修复剂在重金属污染土壤修复中的应用［J］．应用生态学报，2006，17（6）：1123~1128.

[17] 郭观林，周启星，李秀颖．重金属污染土壤原位化学固定修复研究进展［J］．应用生态学报，2005，16（10）：1990~1996.

[18] 娄燕宏，诸葛玉平，顾继光，等．粘土矿物修复土壤重金属污染的研究进展［J］．山东农业科学，2008，2：68~72.

[19] 张琢，李发生，王梅，等．基于用途和风险的重金属污染土壤稳定化修复后评估体系探讨［J］．环境工程技术学报，2015，5（6）：509~518.

[20] 周启星，宋玉芳．污染土壤修复原理与方法［M］．北京：科学出版社，2004：12~561.

[21] 张长波，罗启仕，付融冰，等．污染土壤的固化/稳定化处理技术研究进展［J］．土壤，2009，41（1）：8~15

[22] 陶志超，周新涛，罗中秋，等．含砷废渣水泥固化/稳定化技术研究进展［J］．材料导报，2016，30（9）：132~136.

[23] 柴立元，柯勇，梁彦杰，等．重金属冶炼废渣稳定化/固化处理技术研究进展［C］//重金属污染防治及风险评价研讨会暨重金属污染防治专业委会2013年学术年会，2013.

[24] 邓新辉，柴立元，杨志辉，等．铅锌冶炼废渣堆场土壤重金属污染特征研究［J］．生态环境学报，2015（9）：1534~1539.

[25] Lin Y, Wu B, Ning P, et al. Stabilization of arsenic in waste slag using $FeCl_2$ or $FeCl_3$ stabilizer [J]. Rsc Advances, 2017, 7 (87): 54956~54963.

[26] 陆俏利，瞿广飞，吴斌，等．矿区含砷尾矿及废渣稳定化研究［J］．环境工程学报，2016，10（5）：2587~2594.

[27] Li Z, Ma Z, Kuijp T J V D, et al. A review of soil heavy metal pollution from mines in China: Pollution and health risk assessment [J]. Science of the Total Environment, 2014, 468~469: 843~853.

[28] Duan Q, Lee J, Liu Y, et al. Distribution of Heavy Metal Pollution in Surface Soil Samples in China: A Graphical Review. [J]. Bull Environ Contam Toxicol, 2016, 97 (3): 303~309.

[29] Perry M R, Prajapati V K, Menten J, et al. Arsenic Exposure and Outcomes of Antimonial Treatment in Visceral Leishmaniasis Patients in Bihar, India: A Retrospective Cohort Study [J]. Plos Neglected Tropical Diseases, 2015, 9 (3) .

[30] Vithanage M, Herath I, Joseph S, et al. Interaction of arsenic with biochar in soil and water: A critical review [J]. Carbon, 2016, 113.

3 水泥窑协同处置砷污染物技术与应用

水泥窑协同处置废弃物技术，即在水泥的生产过程中利用从废弃物中回收的能量和物质来替代某些工业生产中需要的燃料和原料，同时对废弃物进行“无二次污染”的处置过程。该技术已在欧美等发达国家得到了广泛应用，达到了较高的水平，并取得了良好的社会效益、环境效益和经济效益。利用水泥回转窑处理固体废物，可有效利用固体或液体废物，可以减少水泥工业中大量消耗的自然资源和能源，对减少控制温室气体排放和减缓全球变暖，控制毒性残留物对生态环境尤其是水环境、空气环境和土壤环境的污染，具有一定的实际意义，是实现循环经济，实现环境保护和经济利益之间平衡的重要措施。

3.1 砷污染物水泥窑协同处置技术概述

砷污染物水泥窑协同处置指的是在水泥的生产过程中使用废物，通过废物来替代一次燃料和原料，从废物中再生能量和材料，同时实现砷污染物的无害化。水泥窑协同处置技术通常有三种目的，一是替代原料，二是替代燃料，还有就是用于处置砷污染物。

水泥窑生产硅酸盐水泥熟料的原料主要有石灰质原料（主要提供 CaO）和黏土质原料（主要提供 SiO_2、Al_2O_3、Fe_2O_3），此外某些成分不足时，还需补充校正原料。在实际生产过程中，根据具体生产情况还需加入一些其他材料，如加入矿化剂、助熔剂以改善生料易烧性和液相性质等；加入晶种诱导并加速熟料的锻烧过程；加入助磨剂提高磨机的粉磨效果等。在水泥制成过程中，还需在熟料中加入缓凝剂调节水泥凝结时间，加入混合材料共同粉磨改善水泥性质和增加水泥产量。利用水泥窑协同处置砷污染物时，依据废物的种类和特性，废物在水泥窑内的协同处置方式主要包括替代原料和替代燃料两种。作为替代原料的废物与水泥生产天然原料应具有相似化学成分，可全部替代或部分替代天然原料但具有与天然原料相似化学成分的废物并不一定都适合作为替代原料，还要综合考虑废物的其他特性是否适合水泥窑协同处置，如有害元素和有害成分含量、水分、易烧性、易磨性、矿物类型等。一般情况下可用电石渣、氯碱法碱渣、石灰石屑、石灰窑渣等废物替代石灰石质原料，用粉煤灰、炉渣、煤矸石、赤泥等替代黏土质原料，用炼铁厂尾矿、硫铁矿渣、铅矿渣等替代铁质校正原料，用碎砖一瓦、铸模砂、谷壳焚烧灰等替代硅质校正原料，以及用炉渣、煤矸石等替代铝质校正原料，见图 3-1。

替代燃料主要包括固态替代燃料和液态替代燃料两类，其中尤以液态替代燃料为主，种类繁多，而气态替代燃料比较少见。常见的固态替代燃料有废轮胎、废橡胶、废塑料、废皮革、废纸等废物。常见的液态替代燃料有醇类、酯类、废化学药品和试剂、废弃农药、废溶剂类等废物。

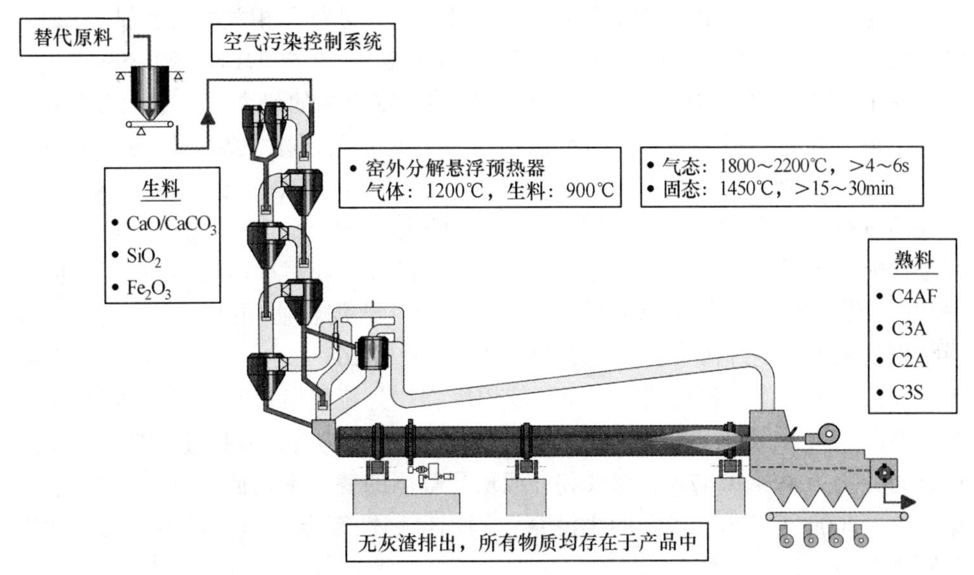

图 3-1 水泥回转窑高效协同处置砷污染物工艺简图

3.2 国内外水泥窑协同处置废物技术的研究现状

20 世纪 90 年代，我国开始了利用水泥窑协同处置废物技术的研究，和欧美发达国家相比，我国技术研究起步晚，至今才有 20 余年研究历史。目前，国内水泥窑协同处置废物研究主要集中于焚烧灰渣、污泥、城市固体废物（主要是生活垃圾）、危险废物（包含砷污染物）等。而国内最早利用水泥窑协同处置危险废物的是北京昌平水泥有限公司，该公司于 1995 年开始对废油墨渣、树脂渣等有机砷污染物进行试烧，成功地将对废物处置和水泥煅烧两种技术结合起来。2000 年，广州市从国外引进回转窑协同处置砷污染物焚烧技术。有资料显示，2013 年底，我国有超过 200 家水泥企业开展了水泥窑协同处置固体废物的研究工作，且危险废物的协同处置量已经超过 56 万吨。

邓皓等利用水泥窑协同处置含油污泥，结果发现，含有污泥的灼烧基中具有较高含量的 $CaO-SiO_2-Al_2O_3-Fe_2O_3$ 成分，其含量超过 80%，满足水泥生产对于替代原料的要求。同时，含油污泥干基的平均热值超过 17MJ/kg，表明大多数含油污泥均可以用作水泥生产的替代燃料。同时，利用水泥窑协同处置含油污泥，可以使得污泥内的有机物完全分解，并且不会产生二次污染，能够实现含油污泥减量化、资源化和无害化的目的。张俊丽等采用重金属化学试剂代替重金属废物，对水泥窑协同处置效果与传统水泥的固化/稳定化效果进行了比较，发现水泥窑适合处置含 As、Pb、Zn 等重金属的废物，但不适合处置含铬废物，主要是三价铬在水泥窑内的高温环境和强氧化条件下易被氧化为六价铬，增强了铬的迁移性和毒性。李璐利用水泥窑协同处置污染土壤，进行了相关的工程试验研究，结果发现，DDT、六六六的焚毁去除率分别可以达到 99.99991%、99.99964%。

20 世纪 70 年代，国外开始了水泥窑协同处置废物的研究，加拿大 Lawrence 水泥厂最早开始了相关方面的研究，1974 年该厂进行了水泥窑替代燃料的可行性和生活垃圾焚烧飞灰等危险废物的固化研究。随后，美国、德国的十多家水泥厂先后进行了试验，重点对水泥窑替代燃料的应用和生活垃圾焚烧飞灰的固化进行了研究。到目前，欧洲、北美、日本等国家已经有超过 30 年的水泥窑协同处置危险废物（包含砷污染物）的研究经验，利用水泥窑协同处置危险废物已经成为发达国家处置砷污染物的主要方式之一。欧盟 268 个水泥厂，有超过 64%的水泥厂使用废物作为替代燃料。荷兰使用废物作为替代燃料的替代率达到 83%，是所有国家中最高的；奥地利、德国、挪威等砷污染物替代率超过 60%，瑞士和比利时分别为 49%和 47%；意大利、西班牙等国的替代率较低，只有 20%左右。据统计，2009 年日本、美国的水泥企业利用可燃性废弃物作替代燃料的替代率分别为 12%、24%。

ANDRE P · O 等利用水泥窑协同处置一种主要成分为甲苯、二甲苯和氯乙烷的工业废物，结果表明，利用水泥窑协同处置工业废物，即使在低温和短停留时间的情况下，废物的焚毁去除率仍然可以达到 99.99%，并且不会对人体和环境产生危害。在正常工况下，水泥窑火焰温度可以达到 2000℃，高温下保持较长停留时间，可以保证工业废物较高的焚毁率。

Aranda Usón 分析了水泥工业中替代燃料和原料的使用，主要分析了五类废物：城市固体废物、动物的肉和骨头、污泥、生物质和废轮胎等在水泥行业中的替代使用情况，以及替代燃料使用的技术分析、经济和环境影响分析。Christel Benestad 对比分析了挪威一座水泥厂 1983 年和 1987 年排放的烟气成分，结果发现，利用水泥窑协同处置危险废物，替代燃料的种类不会影响微量有机污染物的排放，同时 PCB 的焚毁去除率可以达到 99.9999%。烟气中颗粒物、PAH 和其他环状有机碳氢化合物的排放浓度容易受到水泥厂运行工况的影响，与替代燃料的种类无关。Mokrzycki E 总结了 Lafarge 水泥厂在使用替代燃料时，必须满足以下条件：热值必须大于 14MJ/kg、氯含量低于 0.2%、S 含量低于 2.5%、PCB 含量低于 50mg/kg、重金属含量低于 2500mg/kg（$Hg<10\times10^{-6}$，总 $Cd+Tl+Hg<100\times10^{-6}$）。同时，还有其他因素要考虑，如废物的燃点、水分、灰分、筛分分析等。

Mokrzycki E 研究了使用 PASi、PASr 两种替代燃料前后，烟气中重金属的排放以及熟料产品中重金属的含量、烟气中 NO_2、SO_2、CO、HCl 的释放量。发现两种替代燃料引起烟气中重金属浓度的变化极小，烟气中 NO_2、SO_2、CO、HCl 的排放量均低于排放标准。同时，替代燃料的使用不会改变水泥熟料的物相组成和主要氧化物成分。截至目前，欧洲范围内水泥厂替代燃料的使用比例较高，且种类丰富，涵盖塑料、橡胶、污泥和各种生物质燃料等多种危险废物。

在砷污染物协同处置砷污染物方面，我国的科研人员付出了大量努力，并取得了一系列成果。但是，我国砷污染物水泥窑协同处置的短板也显而易见，处置的砷污染物种类十分局限，种类较为单一，和砷污染物实际处置情况相差较大。对于特定工业废物（如废药渣、废漆渣、废树脂等）作为水泥生产的替代燃料/原料的尝试较少，仅在部分工厂中开展过生产试验，还未真正进入实际运行阶段。随着砷污染物水泥窑协同处置技术的研究不断成熟和深入，相关的法律法规和制度不断健全，经济和环境效益愈发明显，使得我们有理由相信，在未来的水泥产业发展中，砷污染物协同处置将会占据越来越重要的地位，起到至关重要的作用。

3.3 水泥窑协同处置砷污染物技术特点和方式

水泥窑协同处置砷污染物的本质是砷污染物热处理中的焚烧技术。砷污染物的水泥窑协同处置，在实现水泥生产成本降低的同时，也实现了对砷污染物的无害化处置。根据资料统计，水泥窑协同处置已成为我国砷污染物处置的主流方式，其处置数量已远超过普通焚烧炉处置数量，为后者的 9 倍之多。

3.3.1 水泥窑协同处置砷污染物的特点与优势

砷污染物的水泥窑协同处置优势明显，主要表现在以下几个方面：

（1）超高焚烧温度。物料在水泥窑内的温度最高可达 1500℃，超过砷污染物焚烧要求的温度（1350℃）。同时，经水泥窑协同处置后，砷污染物的分解率可达到 99.9999%，能够实现废物的彻底分解，降低废物的有害性。

（2）较长停留时间。普通砷污染物焚烧炉要求，物料在焚烧炉内的停留时间为 2~20min，气体的停留时间为 1~3s。由于水泥窑有较长的筒体、较低的斜度、较慢的旋转速度，使得物料在窑内的停留时间可长达 2~30min，气体的停留时间也可达到 6~10s，不管是物料还是气体的停留时间均大于普通焚烧炉中的停留时间，因而水泥窑能更好地确保砷污染物高效的分解与转化。

（3）燃烧稳定。水泥窑炉体内壁的耐火材料和耐火砖具有良好的隔热性能，具有较大的热惯性，使得水泥窑内的煅烧状态可以保持稳定，而不会受到投加物料的影响。

（4）强烈湍流作用。水泥窑内物料与气体是以相反方向进行流动的，形成强烈的湍流作用，有利于气固相之间的混合，可以实现物料的充分燃烧。

（5）碱性氛围。当加入的砷污染物含硫、氯、氟等酸性物质时会生成酸性气体，炉内的碱性物质会与产生的酸性气体发生中和反应生成稳定的盐类，会被固定在水泥熟料中，降低了酸性气体的排放，也为废气处理节省了大量资金。

（6）高效固定砷元素。砷污染物的处置过程中，砷元素一直是研究和关注的重点。在利用水泥窑协同处置时，大部分砷元素会被牢牢固定在水泥熟料之中从而难以浸出，极大地降低了重金属重新溶出进入环境的风险。

除此之外，水泥窑中砷污染物焚烧后产生的废渣因在化学组分上接近水泥原料，被直接利用为水泥生产的原料，因此煅烧后不会有废渣排出。同时，由于替代燃料的使用，降低了矿物燃料的使用，使得水泥窑废气的排放量明显降低。水泥工业的工艺选择多、适应性强以及与建设砷污染物焚烧炉相比需要更低的投资建设费用等，使得水泥窑协同处置砷污染物成为当下砷污染物处置的主要方式（见表 3-1）。

表 3-1　水泥窑和普通焚烧炉燃烧比较

参数名称		水泥窑	普通焚烧炉
最高温度/℃	气体	2200	1450
	物料	1500	1350
停留时间	气体	6~10s	1~3s
	物料	2~30min	2~20min
湍流度	雷诺系数	$>10^5$	$>10^4$

3.3.2　水泥窑协同处置砷污染物的方式

欧洲和美国等发达国家最早利用工业窑炉协同处置砷污染物，所用的工业窑炉主要分以下三种类型：水泥窑、工业炼铁高炉和电厂锅炉。基于水泥行业的特点，发展水泥窑协同处置砷污染物技术，既可以满足砷污染物协同处置过程中严格的条件限制，又不涉及高昂的运行费用以及对大气的二次污染问题，因此，在砷污染物工业窑炉协同处置技术的发展过程中成为应用最为广泛的生产工艺。不同来源和种类的砷污染物在性质和成分方面具有较大的差异，因而它们在水泥生产过程中也会扮演着不同的角色，入窑砷污染物主要可以分为替代燃料、替代原料、混合材料和工艺材料四类。

（1）替代燃料：具有较高热值的砷污染物；

（2）替代原料：具有较高无机矿物含量以及低热值类砷污染物；

（3）混合材料：在磨粉阶段添加且成分较为单一的砷污染物；

(4) 工艺材料：水泥生产某些环节作为工艺材料的砷污染物。

砷污染物一般作为替代燃料和替代原料参与水泥的煅烧过程。作为替代燃料，为水泥煅烧过程提供了部分热量；作为替代原料，焚烧时产生的残渣在煅烧时就已经成为熟料中不可分割的一部分。最终产生的飞灰和粉尘会在水泥窑的尾气处理系统得到收集和处理，并且循环利用，可以节省水泥生产原料，并妥善处置了砷污染物，避免了砷污染物对人类健康和环境造成污染和潜在危害。

3.4 砷污染物水泥窑协同处置产品环境安全性评价

3.4.1 熟料锻烧和水泥水化过程中砷元素流向

在利用水泥窑锻烧砷污染物时，砷元素在水泥窑中的流向是一个很关键的问题。在实际工业生产中，出窑的砷元素有三种去向，分别是熟料、烟气污染控制系统后排放的尾气和回灰。回灰由定期清理出来的窑灰和烟气污染控制系统中捕集下来的飞灰和粉尘组成，并当做砷污染物处理，全部作为辅助原料回窑，可以认为经历了一个循环使用的过程。因此，可以认为砷元素在水泥窑锻烧过程中的流向主要分为熟料固化和随气体挥发。相关研究表明，在工业实际生产时，砷元素在水泥熟料锻烧过程中大部分都可以固化在水泥熟料中，固化率可达90%以上，甚至达到99%。其余也有大部分都是进入了回灰中能够再次进入水泥窑进行循环。因此，排入大气中的砷元素量所占的比重较少，一般在0.05%以下。在水化过程中，砷元素损失量较低，熟料中的砷元素绝大部分会进入水化产物中。有研究表明，砷几乎全部存留在水化产物中。

可见，水泥窑协同处置砷污染物中的砷元素，绝大部分进入水泥熟料中，并最终进入水泥产品（如水泥净浆和混凝土）中。因此，对水泥窑协同处置技术环境安全性评价的重点和对象应该是水泥熟料及其水化产物。

3.4.2 协同处置产品环境安全性评价

由于砷元素在水泥产品（主要是混凝土）的使用过程中逐渐释放进入环境，如受到雨淋，从而对环境和人类的健康带来危害。因此，废物水泥窑协同处置产品的环境安全性问题在发达国家引起了重视并已开展了相关研究。美国环保局（EPA）规定了废物协同处置混凝土中砷元素的浸出量应满足RCRA极限含量要求。德国水泥所一直关注协同处置水泥产品中砷元素的浸出，并在1988~2000年陆续公布了四批浸出试验结果。德国GTZ和瑞士Holcim编制的《水泥生产过程共处置废物指南》中明确提出应关注产品中污染物的影响，重视混凝土中所含污染物的浸出问题。瑞士、丹麦、挪威等水泥燃料、原料替代率较高的国家也针对协同处置水泥产品中砷元素的含量限值提出了一些区域性的要求。由于水泥窑协同处置技术的发展迅速及对水泥产品安全性的关注，欧洲委员会于2004年开始着手制定欧盟建筑产品指令（CPD）中关于混凝土中砷元素等有害物质的含量限值和混凝土中有害物质浸出方法标准化的研究，而挪威公共道路管理局在为期四年的研究基础上，提出了用于道路建设的废物中有害物的含量限值。

随着协同处置技术在我国应用发展，水泥窑协同处置产品的环境安全性问题也逐渐引起国内学者们的关注。张俊丽等对应用于给水系统的生态水泥进行的健康风险评价显示，Cu、Pb 应作为进行风险决策管理的重点对象。兰明章等对水泥混凝土中 Pb^{2+}、Zn^{2+} 的浸出测试结果表明 Pb^{2+} 和 Zn^{2+} 可以很好地固化在混凝土中，不会对环境造成二次污染。

3.5　砷污染物水泥窑协同处置技术应用案例

砷矿经火法冶炼后，砷几乎全部由硫化态转变为氧化态，因此毒性极高，环境风险巨大，若干年来，文山州砷渣引发的人畜中毒事件时有发生，雨季砷渣流失造成河流、湖泊污染。据调查，本项目砷渣含砷 1%～12%，而农业土壤允许含量为 40mg/kg，1t 砷渣可导致数千平方米的土壤砷超标，近百万吨砷渣可导致数百平方公里国土砷超标。文山州地处云南东南边陲，州内水系发达，国际河流较多。

根据《云南文山历史遗留砷渣综合治理工程可行性研究报告》的要求，大部分砷渣将采用水泥回转窑协同处置，为进一步验证水泥回转窑协同处置砷渣的环境安全性和水泥产品安全性，需要进行工业化试验。

3.5.1　废渣属性

废渣平均堆积密度为 1.83t/m^3，西畴县岔河砒霜冶炼点废渣堆放情况，见表 3-2。

表 3-2　西畴县岔河砒霜冶炼点废渣堆放情况

面积/m^2	体积/m^3	重量/t
8155	20108	36857

废渣成分分析，见表 3-3。

表 3-3　废渣成分分析

H_2O^-/%	pH 值	As/%	Pb/10^{-6}	Cd/10^{-6}	SiO_2/%	Fe/%	CaO/%	P/%	Cl^-/10^{-6}	F/10^{-6}
10.83	4.60	1.19	5042	27	38.84	26.11	0.03	1.54	265	1794

3.5.2　配料方案

云南某水泥厂采用石灰石、铁粉、砂岩、黏土四组分配料，由于砷渣含铁量达到 26.11%，可部分替代黏土或铁矿石进行配料。

为确保水泥产品及使用过程环境安全性，避免工业试验对水泥企业生产带来不必要的损失，本试验设置3组生料总含砷量限值开展试验，生料中砷含量分别为60mg/kg、200mg/kg和400mg/kg，这三组限值已低于我省砷污染严重区域土壤砷含量。本试验限值接近清华大学对水泥胶砂块进行苛刻性腐蚀试验砷含量配比。三组实验按均化后砷渣含砷1%计算，该厂2500t/d的熟料生产线，生料用料约为3750t/d，三组实验的砷渣占生料比例分别为0.6%、2%和4%，对应的砷渣添加量分别为22.5t/d、75t/d和150t/d。

3.5.3 试验规模及周期

根据试验目标废渣化学成分分析报告（设计工艺配方前须再取样复核），结合熟料烧成系统特点，设计试验时间为9天，生料中砷含量分别为60mg/kg、200mg/kg和400mg/kg，三组实验的砷渣占生料比例分别为0.6%、2%和4%，对应的砷渣添加量分别为22.5t/d、75t/d和150t/d，每组实验进行3天。试验期间共处理废渣742.5t。为了使实验过程中的砷渣用量充足，计划运输1200t砷渣至水泥厂。

3.5.4 监测方案

3.5.4.1 环境安全性监控方案

本试验设置3组生料总含砷量限值开展试验，生料中砷含量分别为60mg/kg、200mg/kg和400mg/kg，每组实验进行3天。

废气分析方法依据相关的国家标准方法及国家环保部编《空气和废气监测分析方法》中相应方法，详见表3-4。

表3-4 废气监测分析方法

序号	污染物	监测分析方法	方法依据
1	烟尘	重量法	GB/T 16157—1996
2	砷（As）	二乙基二硫代氨基甲酸银分光光度法	《空气和废气监测分析方法》

水泥回转窑协同处置砷渣大气污染物排放执行《危险废物焚烧污染控制标准》（GB 18484-2001），见表3-5。

表3-5 危险废物焚烧炉大气污染物排放限值

序号	污 染 物	最高允许排放浓度限值/mg · m^{-3}（焚烧容量300~2500kg/h）
1	烟尘	100
2	砷、镍及其化合物（以As+Ni计）①	1.0

①指砷和镍的总量。

采样、监测方案见表3-6。

表3-6　采样监测方案

时段	监测点位	监测项目	监　测　频　率
本底值	砷渣预均化点和进料点、窑头、窑尾操作平台（无组织排放）	空气：TSP、As	试验之前监测1次，每个点采集2个气样，共4个样品
	回转窑的窑头、窑尾烟囱		试验之前监测1次，每个点采集3个气样，共6个样品
	选择厂区下风向2个环境敏感点		试验之前监测1次，每个点采集3个气样，共6个样品
	选择厂区下风向2个环境敏感区域	土壤：pH、As	试验之前监测1次，每个敏感区域采集3个样品，共6个样品
试验过程	砷渣破碎点和进料点无组织排放	空气：TSP、As	监测频率：每组试验每个点采集2个气样，共12个样品
	回转窑窑尾布袋收尘器进口烟道		正常运行30min开始在采集废气样品。三组试验各采集3个样品，共9个样品
	回转窑窑尾布袋收尘器出口烟道		正常运行30min开始在采集废气样品。三组试验各采集3个样品，共9个样品。注意除尘器出口采集的样品要和除尘器进口采集样品一一对应。 在第三组实验（即生料砷含量在400mg/kg）过程中，打开增湿塔，使窑尾烟气温度下降至135℃以下，采集5个样品
	选择厂区下风向2个环境敏感点		每组试验过程分别监测2次，每次每个敏感点采样2个，3组实验共12个样品
试验结束	选择厂区下风向2个环境敏感区域	土壤：pH值、As	试验之后监测1次，每个敏感区域采集3个样品，共6个样品

土壤执行《土壤环境质量标准》GB 15618-1995 二类标准。标准值见表 3-7。

表 3-7　土壤环境质量标准　(mg/kg)

项目＼标准值	二级		
pH 值	<6.5	6.5~7.5	>7.5
砷≤	30（水田）、40（旱地）	25（水田）、30（旱地）	20（水田）、25（旱地）

3.5.4.2　水泥产品安全性监控方案

为验证以砷渣作为部分代替原料后的水泥性能，开展水泥产品性能影响研究和水泥产品安全性研究。

水泥产品安全性研究：对在生料中掺加了砷渣的水泥熟料混凝土浇块做浸出毒性试验，研究其砷浸出浓度。同时，对“生料中未添加水泥砷渣的水泥熟料”添加三氧化二砷，使熟料中的砷含量与三组实验产生的水泥熟料的砷含量一致，对这部分熟料混凝土浇块进行浸出毒性实验，研究其砷浸出浓度。

3.5.4.3　砷渣、生料、窑灰及熟料采样分析

砷渣、生料、窑灰及熟料采样分析，见表 3-8。

(1) 砷渣在堆存点搅拌均匀，对每批次的砷渣采集 3 个混合样，每个 2kg，分析砷渣中砷含量。

(2) 采集未添加砷渣的水泥生料做空白样品，未添加砷渣时，在生料均化磨出口采样，采集 3 个样品，每个 2kg，检测分析生料中砷含量。

(3) 砷渣处置前，对五级预热系统中的窑灰进行采样，采集混合样 3 个，每个 2kg，检测分析未处置砷渣前窑灰中砷含量。

(4) 采集未添加砷渣时的水泥熟料做对比试验。未添加砷渣时，在废气采样 20min 后，开始在传送带上采集熟料样品，每个 2kg；3 组实验各采集 3 个样品，共采集 9 个样品，分析砷含量。

(5) 砷渣处置实验时，生料样品的采集，监测进窑的总砷量，在生料均化磨出口采样，3 组实验各采集 3 个样品，共采集 9 个样品，每个 2kg，分析砷含量。

(6) 砷渣处置实验时，在废气采样 20min 后，开始在传送带上采集熟料样品，每个 2kg；3 组实验各采集 3 个样品，共采集 9 个样品，分析砷含量。

表 3-8　砷渣、生料、窑灰、熟料、水泥浇块采样分析方案

时段	监测点位	监测项目	采　样
砷渣处置实验前	砷渣堆存处搅拌均匀点	As 含量/mg · kg^{-1}	每批次的搅拌均匀砷渣各采集 3 个混合样，每个 2kg
	生料均化磨出口		采集 3 个生料样品，每个 2kg
	五级预热系统中的窑灰		采集 3 个熟料样品，每个 2kg
砷渣处置实验过程中	传送带上采集熟料样品		在废气采样 20 分钟后，开始在传送带上采集熟料样品，每个 2kg；3 组实验各采集 3 个样品，共采集 9 个样品
	生料均化磨出口		3 组实验各采集 3 个样品，共采集 9 个样品，每个 2kg
	五级预热系统中的窑灰		3 组实验各采集 3 个样品，共采集 9 个样品，每个 2kg
	传送带上采集熟料样品		在废气采样 20 分钟后，开始在传送带上采集熟料样品，每个 2kg；3 组实验各采集 3 个样品，共采集 9 个样品
水泥质量监测	实验前，水泥产品库	烧失量、氧化镁、三氧化硫、细度、初凝时间、终凝时间、安定性（雷氏法）、标准稠度用水量、抗折强度和抗压强度	采集水泥产品 3 个，每个 2kg
	实验过程中，水泥产品库		每组砷渣处置实验各采集 3 个样品，共 9 个样品，每个 2kg
水泥产品环境安全性检测	实验前，水泥熟料库	水泥浇块浸出毒性分析（酸浸），分析砷浸出浓度，单位 mg/L	采集水泥熟料 6 个，每个 2kg，其中三个直接做水泥浇块，剩余三个添加三氧化二砷，添加后使其砷含量分别与每组砷渣处置实验后的熟料中的砷含量一致；均做成水泥浇块
	实验过程中，水泥熟料库		采集 9 个样品，每个 2kg，三组实验分别采集 3 个样品，均做成水泥浇块

(7) 在每组实验结束时，对五级预热系统中的窑灰进行采样，每组实验采集混合样 3 个，共采集 9 个样品，每个 2kg，检测分析处置砷渣过程中窑灰中砷含量。

(8) 职业卫生监测委托相关部门监测。

3.5.4.4 水泥质量检测

采样：采集处置砷渣前的水泥产品 3 个，每组砷渣处置实验各采集 3 个样品，每个 2kg，共 12 个样品。

检测分析项目：水泥产品质量主要分析烧失量、氧化镁、三氧化硫、细度、初凝时间、终凝时间、安定性（雷氏法）、标准稠度用水量、抗折强度和抗压强度。

3.5.4.5 水泥产品环境安全性检测

采样：

(1) 砷渣处置实验前，采集水泥熟料 6 个，每个 2kg，其中三个直接做水泥浇块，剩余三个添加三氧化二砷，添加后使其砷含量分别与每组砷渣处置实验后的熟料中的砷含量一致。

(2) 砷渣处置实验时，采集 9 个样品，每个 2kg，三组实验分别采集 3 个样品。

分析：对以上 15 个样品按标准方法制成水泥浇块，做浸出毒性分析，分析砷浸出浓度，要求酸浸。

3.5.4.6 分析方法及标准

(1)《水泥混凝土试验规程》(DL/T 5150—2001)。

(2)《硅酸盐水泥、普通硅酸盐水泥》(GB 175—2007)。

(3) 水泥熟料浸出毒性测定方法为《固体废物浸出毒性浸出法硫酸硝酸法》(HJ/T 299—2007)。测定方法见表 3-9。

(4) 水泥熟料浸出毒性特性鉴别执行《危险废物鉴别标准—浸出毒性鉴别》(GB 5085.3—2007)，见表 3-10。

(5)《固体废物砷的测定二乙基二硫代氨基甲酸银分光光度法》(GB/T 15555.3—1995)。

表 3-9 浸出毒性测定方法

项 目	测 定 方 法	方法依据
砷及其化合物（以总砷计）	二乙基二硫代氨基甲酸银分光光度法	GB/T 15555.3

表 3-10　水泥熟料浸出毒性鉴别标准值

项　　目	浸出液最高允许浓度/mg · L^{-1}
砷及其化合物（以总砷计）	5

3.5.5　结果分析

3.5.5.1 环境空气质量监测结果

A　试验前

TSP、砷监测结果见表 3-11。

表 3-11　TSP、砷监测结果

测点位置	监测日期	监测时段	序号	监测项目及结果/mg · m^{-3}	
				TSP	砷
下风向敏感点 1 号	2011 年 11 月 4 日	9：40~10：45	343	0.665	0.00004L
		10：50~11：35	344	1.934	0.00004L
		11：40~12：30	345	2.45	0.0006
		平均		1.683	0.00023
下风向敏感点 2 号	2011 年 11 月 4 日	10：08~10：53	346	0.083	0.00004L
		11：04~11：49	347	0.256	0.00004L
		11：50~12：40	348	0.227	0.00004L
		平均		0.189	0.00004L
进料点	2011 年 11 月 4 日	9：52~10：37	352	0.195	0.00004L
		10：45~11：30	353	0.279	0.00004L
		平均		0.237	0.00004L
均化库	2011 年 11 月 4 日	14：00~14：45	354	0.17	0.0041
		15：00~15：45	355	0.283	0.0036
		平均		0.227	0.0038
窑头	2011 年 11 月 4 日	09：00~09：45	349	0.085	0.00004L
		10：00~10：45	350	0.231	0.00004L
		平均		0.158	0.00004L
窑尾	2011 年 11 月 4 日	15：00~15：45	351	0.349	0.0051
		16：00~16：45	352	0.17	0.00004L
		平均		0.26	0.00257

B 试验中

TSP、砷监测结果见表3-12。

表3-12 TSP、砷监测结果

测点位置	监测日期	试验阶段	序号	监测项目及结果	
				TSP	砷
下风向敏感点1号	2011年11月11日	含砷渣配比0.6%阶段	357	0.586	0.0056
			358	0.422	0.00004L
			359	1.168	0.00004L
			360	2.531	0.00004L
			平均	1.177	0.0017
	2011年11月18日	含砷渣配比2%阶段	361	0.334	0.0118
			362	0.417	0.012
			363	0.505	0.0018
			364	0.422	0.0024
			平均	0.42	0.007
	2011年11月19日	含砷渣配比4%阶段	365	0.741	0.0068
			366	0.761	0.0014
			370	1.443	0.0017
			371	1.546	0.0022
			平均	1.123	0.003
下风向敏感点2号	2011年11月11日	含砷渣配比0.6%阶段	373	0.11	0.0019
			374	0.167	0.00004L
			375	0.112	0.0071
			376	1.042	0.0036
			平均	0.358	0.0032
	2011年11月18日	含砷渣配比2%阶段	377	0.299	0.0025
			378	0.271	0.0037
			379	0.248	0.002
			380	0.274	0.0109
			平均	0.273	0.0048
	2011年11月19日	含砷渣配比4%阶段	381	0.459	0.0028
			382	0.515	0.0015
			383	0.301	0.0082
			384	0.325	0.0079
			平均	0.4	0.0051

续表 3-12

测点位置	监测日期	试验阶段	序号	监测项目及结果	
				TSP	砷
进料点	2011 年 11 月 11 日	含砷渣配比 0.6%阶段	385	1.205	0.00004L
			386	1.834	0.0056
			平均	1.52	0.0028
	2011 年 11 月 18 日	含砷渣配比 2%阶段	387	3.246	0.0033
			388	2.794	0.0015
			平均	3.02	0.0024
	2011 年 11 月 19 日	含砷渣配比 4%阶段	389	3.15	0.0064
			390	2.525	0.0031
			平均	2.838	0.0048

C　结果分析

评价标准：TSP 浓度评价标准参照《环境空气质量标准》（GB 3095—1996）中的二级标准，即日平均值低于 0.3mg/m^3；砷的评价标准参照《工业企业设计卫生标准》（TJ 36—79）中 As 的日均浓度限值（As≤0.003mg/m^3）进行评价。

根据《环境影响评价技术导则大气环境》（HJ 2.2—2008）中“对于没有小时浓度限值的污染物，可取日平均浓度限值的三倍值”的相关规定，取 TSP 的小时浓度限值（TSP≤0.9mg/m^3）、As 的小时浓度限值（c(As)≤0.009mg/m^3）进行评价。

砷渣处置前：由表 3-1 可以看出，下风向敏感点 1 监测的 3 个 TSP 小时值分别为 0.665mg/m^3、1.934mg/m^3、2.45mg/m^3，TSP 有两个值超标；As 没有超标。下风向敏感点 2、进料点、均化库、窑头、窑尾 5 个监测点 TSP、As 小时值均没有超过标准值。

砷渣处置过程中，由表 3-12 可以看出：

（1）下风向敏感点 1 号。

1）含砷废渣配比 0.6%阶段，4 个 TSP 小时浓度值监测数据中，有两个超过了标准值；4 个 As 小时浓度值监测数据中，3 个未检出，1 个为 0.0056mg/m^3，未超过标准值。

2）含砷废渣配比 2%阶段，4 个 TSP 小时浓度值监测数据均没有超过标准值；4 个 As 小时浓度值监测数据分别为 0.0118mg/m^3、0.012mg/m^3、0.0018mg/m^3、0.0024mg/m^3，有 2 个值超过标准值。

3）含砷废渣配比 4%阶段，4 个 TSP 小时浓度值监测数据中，有两个超过了标准值；4 个 As 小时浓度值监测数据在 0.0014~0.0068mg/m^3 之间，未超过标准值。

（2）下风向敏感点2号。

1）含砷废渣配比0.6%阶段，4个TSP小时浓度值监测数据中，有1个超过了标准值；4个As小时浓度值监测数据中，最大值为0.0071mg/m^3，未超过标准值。

2）含砷废渣配比2%阶段，4个TSP小时浓度值监测数据均没有超过标准值；4个As小时浓度值监测数据在0.002~0.0109mg/m^{3}之间，1个数据超过标准值。

3）含砷废渣配比4%阶段，4个TSP小时浓度值监测数据均没有超过标准值；4个As小时浓度值监测数据在0.0015~0.0079mg/m^{3}之间，未超过标准值。

（3）进料点。

含砷废渣配比0.6%、2%、4%阶段，2个TSP小时浓度值监测数据均超过了标准值；2个As小时浓度值监测数据均未超过标准值。

综上所述，砷渣处置前后TSP均偶有超标现象；处置前As没有出现超标现象，处置过程中砷渣配比2%阶段偶有砷超标现象，分别为下风向敏感点1号的两个监测值0.0118mg/m^3、0.012mg/m^{3}和下风向敏感点2号的一个监测值0.0109mg/m^3。

3.5.5.2 无组织排放、烟囱尾气检测结果

A 试验前

废气污染源监测结果见表3-13和表3-14。

表3-13 试验前废气污染源烟尘监测结果

监测点位	序号	监测结果		
		标况流量/m^3·h^{-1}	排放浓度/mg·m^{-3}	排放量/kg·h^{-1}
三线窑头烟囱排放口	801	211532	6.56	1.39
	802	201492	4.32	0.87
	803	191419	2.18	0.42
	平均值	201481	4.35	0.88
三线窑尾烟囱排放口	804	285584	2.13	0.61
	805	284066	1.6	0.45
	806	276265	7.71	2.13
	平均值	281972	3.81	1.07

表 3-14　废气污染源砷监测结果

监测点位	序号	监测结果		
		标况流量 /m³ · h⁻¹	排放浓度 /mg · m⁻³	排放量 /kg · h⁻¹
三线窑头烟囱排放口	1	210824	0.00004L	——
	2	201936	0.00004L	——
	3	204822	0.00004L	——
	平均值	205861	0.00004L	——
三线窑尾烟囱排放口	4	276698	0.00004L	——
	5	280314	0.00004L	——
	6	280230	0.00004L	——
	平均值	279081	0.00004L	——

注："检出限+L" 表示监测结果低于方法最低检出限。

B　试验中

废气污染源监测结果见表 3-15 和表 3-16。

表 3-15　试验中废气污染源烟尘监测结果

监测点位	试验阶段	序号	监测结果		
			标况流量 /m³ · h⁻¹	排放浓度 /mg · m⁻³	排放量 /kg · h⁻¹
三线窑尾布袋除尘器入口	含砷渣配比 0.6%阶段	741	246770	15683.26	3870.16
		742	267782	13524.77	3621.69
		743	290729	9142.86	2658.09
		平均	268427	12783.63	3431.47
	含砷渣配比 2%阶段	824	248900	15373.67	3826.51
		825	249860	30946.75	7732.35
		826	252138	39047.12	9845.26
		平均	250299	28455.85	7122.47
	含砷渣配比 4%阶段	626	201469	2517.68	507.23
		627	253573	23076.69	5851.63
		628	283388	49668.95	14075.58
		平均	246143	25087.77	6175.18

续表 3-15

监测点位	试验阶段	序号	监测结果		
			标况流量 /$m^3\cdot h^{-1}$	排放浓度 /$mg\cdot m^{-3}$	排放量 /$kg\cdot h^{-1}$
三线窑尾布袋除尘器出口	含砷渣配比0.6%阶段	744	270309	2.25	0.61
		745	274744	1.66	0.46
		746	271561	2.24	0.61
		平均	274415	2.05	0.56
	含砷渣配比2%阶段	821	294774	1.51	0.45
		822	273767	2.44	0.67
		823	281748	1.19	0.34
		平均	283430	1.71	0.48
	含砷渣配比4%阶段	707	283064	4.33	1.23
		807	270369	2.48	0.67
		625	278783	1.6	0.45
		平均	277405	2.8	0.78

表 3-16 试验中废气污染源砷监测结果

监测点位	试验阶段	序号	监测结果		
			标况流量 /$m^3\cdot h^{-1}$	排放浓度 /$mg\cdot m^{-3}$	排放量 /$kg\cdot h^{-1}$
三线窑尾布袋除尘器入口	含砷渣配比0.6%阶段	1	275823	0.219	0.06
		2	297509	1.005	0.3
		3	295963	0.402	0.12
		平均	289765	0.24	0.07
	含砷渣配比2%阶段	7	256940	49.281	12.66
		8	174088	15.656	2.73
		9	263094	0.076	0.02
		平均	231374	21.671	5.01
	含砷渣配比4%阶段	10	276585	7.402	2.05
		11	217999	5.348	1.17
		12	286070	15.703	4.49
		平均	260218	9.484	2.47

续表 3-16

监测点位	试验阶段	序号	监测结果		
			标况流量 /$m^3 \cdot h^{-1}$	排放浓度 /$mg \cdot m^{-3}$	排放量 /$kg \cdot h^{-1}$
三线窑尾布袋除尘器出口	含砷渣配比0.6%阶段	4	277261	0.00004L	——
		5	274674	0.00004L	——
		6	271309	0.00004L	——
		平均	274415	0.00004L	——
	含砷渣配比2%阶段	10	277019	0.215	0.06
		11	269931	0.068	0.02
		12	270203	0.06	0.02
		平均	272384	0.114	0.03
	含砷渣配比4%阶段	13	277513	0.125	0.03
		14	279786	0.111	0.03
		15	274222	0.209	0.06
		平均	277174	0.148	0.04

注:“检出限+L”表示监测结果低于方法最低检出限。

C 结果分析

评价标准:水泥回转窑协同处置砷渣大气污染物排放执行《危险废物焚烧污染控制标准》(GB 18484—2001),即烟尘排放浓度低于100mg/m^{3}的浓度限值,砷、镍及其化合物(以As+Ni计)低于1.0mg/m^{3}的浓度限值。

由表3-13~表3-16可以看出,砷渣处置前后,经布袋除尘器后,各砷渣配比阶段烟尘、As的排放浓度均没有超标。在处置过程中,As排放浓度有所增加,而且随着砷渣添加量的增加,As的排放浓度也在微量地增加。布袋除尘器出口As排放浓度0.6%阶段为未检出,2%阶段为0.114mg/m^3,4%阶段为0.148mg/m^3,均没有超过标准值。

3.5.5.3 土壤环境质量监测结果

A 监测结果

试验前土壤监测结果见表3-17。

表 3-17 试验前土壤监测结果

测点	位置	采样日期	监测项目及结果	
			pH 值	砷
下风向敏感点 1 号	2 号	2011 年 11 月 4 日	5.8	40.406
	5 号	2011 年 11 月 4 日	7.9	39.7138
	9 号	2011 年 11 月 4 日	7.9	42.1272
下风向敏感点 2 号	11 号	2011 年 11 月 4 日	7	60.3829
	16 号	2011 年 11 月 4 日	7.2	29.9086
	20 号	2011 年 11 月 4 日	5.6	27.1767

注：pH 值为无量纲，砷单位为 mg/kg。

试验后土壤监测结果见表 3-18。

表 3-18 试验后土壤监测结果

测点	位置	采样日期	监测项目及结果	
			pH 值	砷
下风向敏感点 1 号	2 号	2011 年 11 月 22 日	6.8	25.4385
	5 号	2011 年 11 月 22 日	7.8	36.3692
	9 号	2011 年 11 月 22 日	8.2	23.9294
下风向敏感点 2 号	11 号	2011 年 11 月 22 日	8.2	32.1858
	16 号	2011 年 11 月 22 日	8.3	31.0908
	20 号	2011 年 11 月 22 日	8.1	33.7754

注：pH 值为无量纲，砷单位为 mg/kg。

B 结果分析

评价标准：根据区域土壤 pH 值检测及调查点土地利用情况，土壤中 As 环境质量执行《土壤环境质量标准》（GB 15618—1995）二级标准，即 As 含量低于 25mg/kg。

由表 3-17 和表 3-18 可以看出，砷渣处置前后，土壤中的 As 含量没有明显变化，处置前 As 含量为 27.1767～60.3829mg/kg，处置后 As 含量 23.9294～36.3692mg/kg。土壤中 As 含量超标现象及处置前后数据的差异性，可能是由于区域土壤环境 As 含量背景值较高及监测数据误差造成的。

3.5.5.4 砷渣检测结果

试验砷渣含砷量监测结果见表 3-19。

表 3-19　试验砷渣含砷量监测结果

样品类型	样品编号	监测项目及结果
		砷/mg · kg^{-1}
砷渣进厂原料	2011 年 11 月 7 日　4 车 1 号	2039.7874
	2011 年 11 月 7 日　4 车 2 号	1241.6458
	2011 年 11 月 7 日　6 车	5738.4611
	2011 年 11 月 7~8 日　各 2 车	4137.5404
	2011 年 11 月 8 日　4 车 1 号	4608.1763
	2011 年 11 月 8 日　4 车 2 号	1988.6118
	2011 年 11 月 8 日　4 车 3 号	1061.8399
	2011 年 11 月 9 日　2 车 1 号	671.0379
	2011 年 11 月 9 日　2 车 2 号	3154.4454
	2011 年 11 月 9 日　2 车 3 号	2159.4742

3.5.5.5　生料、熟料检测结果

试验前生料、熟料监测结果见表 3-20。

表 3-20　试验前生料、熟料监测结果

样品类型	样品编号	监测项目及结果
		砷/mg · kg^{-1}
生料均化磨出口空白样品	2011 年 11 月 8 日	117.6192
	2011 年 11 月 9 日	218.2824
	2011 年 11 月 10 日	223.2974
砷渣处置前空白熟料	2011 年 11 月 4 日　1 号	323.6741
	2011 年 11 月 4 日　2 号	357.2521
	2011 年 11 月 4 日　3 号	315.961

试验后生料、熟料监测结果见表 3-21。

表 3-21　试验后生料、熟料监测结果

样品类型	试验阶段	样品编号	监测项目及结果
			砷/mg · kg^{-1}
生料磨出口样品	含砷渣配比 0.6%阶段	2011 年 11 月 11 日　1 号	241.4445
		2011 年 11 月 11 日　2 号	287.7434
		2011 年 11 月 12 日　3 号	162.5132
	含砷渣配比 2%阶段	2011 年 11 月 17 日　1 号	158.7891
		2011 年 11 月 17 日　2 号	212.7144
		2011 年 11 月 17 日　3 号	215.2161
	含砷渣配比 4%阶段	2011 年 11 月 19 日　1 号	212.7522
		2011 年 11 月 19 日　2 号	216.0257
		2011 年 11 月 19 日　3 号	271.4336

续表 3-21

样品类型	试验阶段	样品编号	监测项目及结果
			砷/mg·kg^{-1}
熟料	含砷渣配比 0.6%阶段	2011年11月11日 1号	231.6396
		2011年11月11日 2号	212.0827
		2011年11月11日 3号	222.2606
	含砷渣配比 2%阶段熟	2011年11月18日 1号	230.6987
		2011年11月18日 2号	339.5995
		2011年11月18日 3号	378.6787
	含砷渣配比 4%阶段熟	2011年11月19日 1号	202.8456
		2011年11月19日 2号	218.7039
		2011年11月19日 3号	196.5728
试验后窑灰		含砷渣配比 0.6%阶段	301.8971
		含砷渣配比 2%阶段	211.4358
		含砷渣配比 4%阶段	288.2184

注：因三个实验阶段是连续进行的，故未添加砷渣出磨生料只能采一阶段 3 个样品。

由表 3-20 和表 3-21 可以看出，砷渣处置前后生料、熟料中的砷含量没有明显的变化。

砷渣处置前生料中砷含量在 117.6192~223.2974mg/kg 之间，熟料中砷含量 315.961~357.2521mg/kg 之间。

处置后生料中砷含量 0.6%阶段在 162.5132~287.743mg/kg 之间，2%阶段 158.7891~215.2161mg/kg 之间，4%阶段 212.7522~271.4336mg/kg 之间。

处置后熟料中砷含量在 212.0827~231.6396mg/kg 之间，2%阶段 230.6987~378.6787mg/kg 之间，4%阶段 196.5728~218.7039mg/kg 之间。窑灰中含有一定量的 As，含量在 211.4358~301.8971mg/kg 之间，在清理窑灰时，应加强安全防护措施。

3.5.5.6 水泥产品安全性及质量检测结果

A 水泥产品安全性监测结果

由表 3-22 可以看出，直接在熟料中添加三氧化二砷以及砷渣处置前后，水泥浇块 As 浸出毒性检测均没有超过标准值（5.00mg/L）。说明水泥回转窑处置砷渣后对水泥产品安全性没有影响。

表 3-22　水泥产品安全性监测结果

样品类型	样品编号	监测项目及结果
		砷/mg · L^{-1}
砷渣处置实验前	0 号水泥浇块 1 号	0.0001L
	0 号水泥浇块 2 号	0.0001L
	0 号水泥浇块 3 号	0.0001L
	含三氧化二砷 40mg/kg 水泥浇块	0.0001L
	含三氧化二砷 200mg/kg 水泥浇块	0.0001L
	含三氧化二砷 400mg/kg 水泥浇块	0.0001L
含砷渣配比 0.6%阶段水泥浇块	3-S1111 早（水泥浇块）	0.0001L
	3-S1111 中（水泥浇块）	0.0001L
	3-S1111 夜（水泥浇块）	0.0001L
含砷渣配比 2%阶段水泥浇块	3-S1113 中（水泥浇块）	0.0001L
	3-S1117 早（水泥浇块）	0.0001
	3-S1117 夜（水泥浇块）	0.0001L
含砷渣配比 4%阶段水泥浇块	3-S1118 早（水泥浇块）	0.0001L
	3-S1118 中（水泥浇块）	0.0001L
	3-S1119 夜（水泥浇块）	0.0001L

B　水泥产品质量监测结果

由表 3-23 可以看出，砷渣处置后的水泥样品 3 天抗压强度在 13.1～14.1MPa 之间，相比于处置前的 14.7～15.3MPa 有一定的下降，3 天抗折强度在 2.8～3.3MPa 之间，相比于处置前的 3.4～3.7MPa 有一定的下降。但水泥产品 3 天抗压强度和 3 天抗折强度仍符合《通用硅酸盐水泥》（GB 175—2007）表 3 中复合硅酸盐水泥 32.5（P.C 32.5 水泥）3 天抗压强度≥10MPa、3 天抗折强度≥2.5MPa的相关要求。

表 3-23　处置砷渣前后水泥产品质量监测结果

样品编号	LOSS /%	MgO /%	SO_3 /%	细度 /%	初凝 /min	终凝 /min	安定性	标准稠度用水量/%	3 天抗折 /MPa	3 天抗压 /MPa	28 天抗折 /MPa	28 天抗压 /MPa	备注
3-入库 1103	国家标准未要	1.90	2.29	2.0	195	280	0.8	25.74	3.4	14.7	7.1	36.6	未使用砷渣的空白样
3-入库 1104		1.92	2.25	2.0	202	285	1.0	25.90	3.5	15.8	7.3	39.2	
3-入库 1105		1.95	2.16	2.0	197	290	1.5	25.80	3.7	15.3	7.0	37.0	

续表 3-23

样品编号	LOSS /%	MgO /%	SO_3 /%	细度 /%	初凝 /min	终凝 /min	安定性	标准稠度用水量/%	3 天抗折 /MPa	3 天抗压 /MPa	28 天抗折 /MPa	28 天抗压 /MPa	备注
3-入库 1204	求复合硅酸盐水泥检测 LOSS	1.98	2.26	2.5	214	284	1.0	25.40	3.0	13.1			在生料系统添加砷渣后生产的水泥样
3-入库 1205		1.86	2.21	3.0	211	281	1.2	25.34	2.9	13.2			
3-入库 1206		1.90	2.20	2.8	204	279	1.5	25.26	3.3	14.1			
3-入库 1207		1.95	2.26	2.8	202	278	1.0	25.40	3.1	13.9			
3-入库 1208		1.98	2.18	2.6	195	265	1.5	25.40	3.0	13.4			
3-入库 1209 中		1.90	2.14	2.9	229	308	1.5	25.40	3.0	13.3			
3-入库 1210 中		1.93	2.22	3.0	242	306	0.8	25.56	3.0	13.1			
3-入库 1211 夜早		1.99	2.22	3.2	248	324	1.2	25.54	2.8	13.1			
3-入库 1212 早中		1.98	2.20	3.1	250	318	0.5	25.40	2.8	13.4			

3.5.5.7 砷渣处理工段职业病危害因素检测

砷渣处理工段职业病危害因素检测与评价报告见附件，根据《工作场所有害因素职业接触限值》（GBZ 2—2002）中“砷及其无机化合物（按 As 计）7740-38-2”时间加权平均容许浓度（PC-TWA）≤0.01mg/m^3 及短时间接触容许浓度（PC-STEL）≤0.02mg/m^3 进行评价。

由检测报告可以看出，在砷渣添加量增加到4%的时候，生料工段生料配料通道中 As 浓度为 0.01134～0.02059mg/m^3、制成工段熟料配料通道 As 浓度为 0.01039mg/m^3 及管理人员岗位 As 浓度为 0.01141mg/m^3、包装工段水泥包装工 As 浓度为 0.01008～0.01794mg/m^3，砷 PC-TWA 超过国家标准值 0.01mg/m^3，但超标不太明显；砷渣添加量为 0.6%的情况下，与空白砷检测结果无明显变化；4%的砷渣添加量比 0.6%的砷渣添加量各作业点均有明显升高；本次检测铅和镉无明显变化，均未超过国家标准。

综上所述，建议砷渣配比低于 3%为宜，并且在砷渣配料通道新增一套引风设备，加强通道内的空气流通。加强各工段员工安全防护措施及安全教育培训工作。

3.5.6　结论

（1）根据《环境空气质量标准》（GB 3095—2012）中二级标准 TSP 日平均值低于 0.3mg/m^3 及《工业企业设计卫生标准》（TJ 36—79）中 As 的日均浓度限值低于 0.003mg/m^3 和《环境影响评价技术导则 大气环境》（HJ 2.2—2008）中“对于没有小时浓度限值的污染物，可取日平均浓度限值的三倍值”的相关规定。取 TSP 的小时浓度限值（TSP≤0.9mg/m^3）、As 的小时浓度限值（As≤0.009mg/m^3）对环境空气质量进行评价。砷渣处置前后 TSP 均偶有超标现象，最高超标；处置前 As 没有出现超标现象，处置过程中砷渣配比 2%阶段偶有砷超标现象，分别为下风向敏感点 1 的两个监测值 0.0118mg/m^3、0.012mg/m^3 和下风向敏感点 2 的一个监测值 0.0109mg/m^3。0.6%和 0.4%配比阶段没有出现超标现象，说明水泥窑处置砷渣对环境空气的影响较小。

（2）砷渣处置前后，经布袋除尘器后，各砷渣配比阶段烟尘、As 的排放浓度均没有超过《危险废物焚烧污染控制标准》（GB 18484—2001），即烟尘排放浓度低于 100mg/m^3 的浓度限值，砷、镍及其化合物（以 As+Ni 计）低于 1.0mg/m^3 的浓度限值。在处置过程中，As 排放浓度比处置前（未检出）有所增加，而且随着砷渣添加量的增加，As 的排放浓度也在微量地增加。布袋除尘器出口 As 排放浓度 0.6%阶段为未检出，2%阶段为 0.114mg/m^3，4%阶段为 0.148mg/m^3。

（3）砷渣处置前后，土壤中的 As 含量没有明显变化，处置前 As 含量为 27.1767~60.3829mg/kg，处置后 As 含量 23.9294~36.3692mg/kg。土壤中 As 含量超标现象及处置前后数据的差异性可能是由于区域土壤环境 As 含量背景值较高及监测数据误差造成的。

（4）砷渣处置前后生料、熟料中的砷含量没有明显的变化。砷渣处置前生料中砷含量在 117.6192~223.2974mg/kg 之间，熟料中砷含量在 315.961~357.2521mg/kg 之间。

处置后生料中砷含量 0.6%阶段在 162.5132~287.743mg/kg 之间，2%阶段在 158.7891~215.2161mg/kg 之间，4%阶段在 212.7522~271.4336mg/kg 之间；处置后熟料中砷含量在 212.0827~231.6396mg/kg 之间，2%阶段在 230.6987~378.6787mg/kg 之间，4%阶段在 196.5728~218.7039mg/kg 之间。窑灰中含有一定量的 As，含量在 211.4358~301.8971mg/kg 之间，在清理窑灰时，应加强安全防护措施。

（5）直接在熟料中添加三氧化二砷以及取砷渣处置前后的水泥样品做成水泥浇块进行浸出毒性检验，水泥浇块中 As 浸出毒性均为未检出，没有超过《危险废物鉴别标准　浸出毒性鉴别》（GB 5085.3—2007）中浸出液中 As 浓度低于

5.00mg/L 的标准，说明水泥回转窑处置砷渣后对水泥产品安全性没有影响。

（6）砷渣处置后的水泥样品 3 天抗压强度在 13.1~14.1MPa 之间，相比于处置前的 14.7~15.3MPa 有一定的下降，3 天抗折强度在 2.8~3.3MPa 之间，相比于处置前的 3.4~3.7MPa 有一定的下降。但水泥产品 3 天抗压强度和 3 天抗折强度仍符合《通用硅酸盐水泥》（GB 175—2007）表 3 中复合硅酸盐水泥 32.5（P.C 32.5 水泥）3 天抗压强度≥10MPa、3 天抗折强度≥2.5MPa 的相关要求。

（7）由检测报告可以看出，在砷渣添加量增加到 4%的时候，生料工段生料配料通道中 As 浓度为 0.01134~0.02059mg/m^3、制成工段熟料配料通道 As 浓度为 0.01039mg/m^3 及管理人员岗位 As 浓度为 0.01141mg/m^3、包装工段水泥包装工 As 浓度为 0.01008~0.01794mg/m^3，砷 PC-TWA 超过《工作场所有害因素职业接触限值》（GBZ 2—2002）中"砷及其无机化合物（按 As 计）7740-38-2"时间加权平均容许浓度（PC-TWA）≤0.01mg/m^3 的相关规定，但超标不太明显；砷渣添加量为 0.6%的情况下，与空白砷检测结果无明显变化；4%的砷渣添加量比 0.6%的砷渣添加量各作业点均有明显升高；本次检测铅和镉无明显变化，均未超过国家标准。

（8）由于砷渣堆存点多处于较为偏僻的山区，堆存区域多在上坡上，交通不便，给砷渣挖掘带来了很大的困难，导致了挖掘运输成本的增加。

（9）根据工业试验的情况，为了保证周边环境安全及水泥产品的安全与质量，建议砷渣配比 2%~3%为宜。

参 考 文 献

[1] 马攀. 砷污染物焚烧系统的数值模拟与试验研究 [D]. 杭州：浙江大学，2012.

[2] 王晓峰. 砷污染物理化特性分析及其对废物焚烧的影响 [D]. 上海：同济大学，2006.

[3] 重庆市固体废物管理中心，2014 年重庆市固体废物污染环境防治信息.

[4] 史骏污泥干化与水泥窑焚烧协同处置工艺分析与案例 [J]. 中国给水排水，2010，26（14）：50~55.

[5] 胡文涛，张金流，砷污染物处理与处置现状综述 [J]. 安徽农业科学，2014.42（34）：12386~12388.

[6] 绍锋，蒋文博，郭瑞，等. 水泥窑协同处置砷污染物管理与技术进展研究 [J]. 环境保护，2015，43（1）41~44.

[7] Mokrzycki E，Ulasz-Bochenczyk A. Alternative fuels for the cement industry [J]. Applied Energy，2003，74（1~2）：95~100.

[8] Andréa Paula Ottoboni，Itamar de Souza，GenésioJoséMenon，RogérioJoséda Silva. Efficiency of destruction of waste used in the co-incineration in the rotary kilns [J]. Energy Conversion and Management，1998，39（16）.

[9] 朱雪梅，黄启飞，王琪，等. 固体废物水泥窑协同处置技术应用及存在问题 [C]//2006 水泥窑协同处置废弃物专题研讨会.2006.

[10] 蒋为公．砷污染物水泥窑协同处置技术应用及废气污染物排放分析 [J]. 中国水泥 2016 (2)：75~77.

[11] 丛璟．工业窑炉协同处置砷污染物过程中低温段重金属的吸附冷凝特性研究 [D]. 杭州：浙江大学，2015.

[12] 郑元格，沈东升，陈志斌，等．固体废物焚烧飞灰水泥窑协同处置的试验研究 [J]. 浙江大学学报（理学版），2011，38 (5)：562~569.

[13] 王雷，金宣英，聂永丰，等．焚烧飞灰水泥窑协同处置过程 As 的迁移特征 [J]. 环境科学学报，2011，31 (2) 407~413.

[14] 王雷，金宣英，刘建国，等．焚烧飞灰水泥窑协同处置 [J]. 环境工程，2009 (s1)：527~532.

[15] 林奕明，周少奇，周德钧，等．利用城市污水处理厂污泥生产生态水泥 [J]. 环境科学，2011，32 (2)：524~529.

[16] 赵洪，董贝．焚烧炉与水泥窑协同处置城市生活垃圾的综合比较 [J]. 新世纪水泥导报，2012，18 (4)：11~15.

[17] 王昕，刘晨，颜碧兰，等．国内外水泥窑协同处置城市固体废弃物现状与应用 [J]. 硅酸盐通报，2014，33 (08)：1989~1995.

[18] 刘金魁，安春国．应用计算机控制系统预防砷污染物回转窑焚烧结渣的研究 [J]. 能源工程，2010 (05)：58~62，67.

[19] 邓皓，王蓉沙，唐跃辉，等．水泥窑协同处置含油污泥门 [J]. 环境工程学报，2014，8 (11)：4949~4954.

[20] 张俊丽，刘建国，李橙，等．水泥窑协同处置与水泥固化/稳定化对重金属的固定效果比较 [J]. 环境科学，2008，29 (4)：1138~1142.

[21] 杨昱，黄启飞，杨玉飞，等、废物水泥窑协同处置产品中 Pb 释放的 pH 影响 [J]. 环境工程，2009 (s1)：416~420.

[22] 杨玉飞，杨昱，黄启飞，等．废物水泥窑协同处置产品中重金属的释放特性 [J]. 中国环境科学，2009，29 (2)：175~180.

[23] 李穗中，匡胜利．砷污染物回转窑焚烧系统的工艺设计 [J]. 冶金环境保护，1999 (5) 114~118.

[24] 李璐，黄启飞，张增强，等．水泥窑协同处置污染土壤的污染排放研究 [J]. 环境工程学报 2009，3 (5)：891~896.

[25] 丁琼，彭政，闫大海，等．欧盟水泥窑协同处置发展对我国的启示 [J]. 环境保护，2015，43 (z1)：89~91.

[26] Rootzen J. Reducing carbon dioxide emissions from the eu power and industry sectors an assessment of key technologies and measures [J]. Chalmers University of Technology，2012.

[27] Alfonso Aranda Usón，Ana M. López-Sabirón，GermánFerreira，EvaLleraSastresa. Uses of alternative fuels and raw materials in the cement industry as sustainable waste management options [J]. Renewable and Sustainable Energy Reviews，2013，23.

[28] Benestad C. Incineration of hazardous waste in cement kilns [J]. Waste Management Research，1989，7 (4)：351~361.

[29] Mokrzycki E，UBA，Sama M，Wastes as alternative fuels in cement industry [J]. Proceedings of 8th International Energy Forum ENERGEX 2000，2000.

4 广域砷污染地块植物修复技术与应用

植物修复是利用绿色植物来转移、容纳或转化污染物使其对环境无害。植物修复的对象是重金属、有机物或放射性元素污染的土壤及水体。研究表明，通过植物的吸收、挥发、根滤、降解、稳定等作用，可以净化土壤或水体中的污染物，达到净化环境的目的，因而植物修复是一种很有潜力、正在发展的清除环境污染的绿色技术。

4.1 砷污染地块植物修复技术概述

面对日益严峻的土壤砷污染问题，传统的修复方法技术还相对不够成熟，处理成本也是一个限制因素，而且会破坏土壤结构，植物修复（Phytoremediation）技术最为一种绿色的处理技术而受到许多学者的广泛关注。植物修复是通过超富集植物对污染物的吸收、挥发等一系列的物理化学和生物过程，来转移、容纳或转化污染物使其对环境无害的技术。众多学者已经证实能对砷进行植物修复的植物富集砷的过程主要包括以下几个方面：土壤中的重金属离子或者其他污染物被植物根部吸收，然后转化到植物的体内，并在植物体内被利用。在此过程中，植物行使这些功能的功能性蛋白质已经被许多学者确定下来，与之相关的 DNA 序列也被鉴定出来。

4.2 砷污染地块植物修复技术

4.2.1 主要技术

目前国内外对砷污染土壤的植物修复技术主要研究有以下几个方面。

4.2.1.1 筛选出能从砷污染土壤中富集砷的植物

植物作为植物修复技术的核心构件，其生长特性和富集特性是治理土壤砷污染的核心问题。找到能耐受并从土壤中富集砷的植物是最关键，也是难度最大、工作量也最大的一步。作为砷超富集植物应该具备以下特征：

（1）植物对砷具有较强的耐性，植物的生长不会被砷毒害影响；

（2）植物对砷的富集能够达到一定的量，能有效吸收土壤中的砷，降低砷污染；

（3）植物最好具有较高的生物量，且生长速率快，易收割。

目前在众多学者的努力下已经有四百多种植物被发现能从土壤中富集金属、有机/无机污染物，但是作为砷的超累积植物的却不多。其中，韦朝阳等发现了一种砷超累积植物大叶井口边草，仅地上部分就能吸砷到将近1000mg/kg；另发现蜈蚣草（Pteris vittata S）也是一种砷超累积植物，能够将富集在土壤中的砷转运到植株的叶子和茎中，所累积的金属量是普通植物的50~100倍；Visoottiviseth等发现粉叶蕨也可以作为一种砷超累积植物。佛罗里达大学的学者在试验中新培养出了三种能从土壤中富集砷（As）的植物：植物干重砷含量可达1770~3650mg/kg，其中最适合作为砷超累积植物的是P. ryukyuensis。此外，研究发现苎麻、酸模、牡蒿、剑叶凤尾蕨等一系列生长在中国南方的植物都能超富集砷。

4.2.1.2　接种丛枝菌根真菌

已知的超积累植物都是生物量低、生长缓慢的杂草，植物体难以回收利用，所以，提高植物对砷的抗性，使其能够在含砷环境中生存就显得特别重要。丛枝菌根（Fungus-root）在是一种在自然界中广泛存在的植物共生的现象。丛枝菌根能促进植物对P、K、Cu、Zn等矿质元素的吸收，影响植物从土壤中富集重金属或其他污染物，提高植物对污染物的耐受程度，可以提高植物修复的处理效果或植物稳定性，对于植物修复重金属污染土壤有非常大的帮助，得到了广泛的关注。

研究表明，接种AM真菌能够提高蜈蚣草地上部生物量，加强蜈蚣草对磷（P）的吸收，同时能使植物根部土壤保持碱性，这些都十分有利于蜈蚣草根部从土壤中富集砷（As），并且蜈蚣草地上部分对As的吸收量明显增加了；在砷污染农田中种植玉米，并接种AM真菌和蛆卿可以改变土壤中砷的存在状态，同时，土壤中一些微生物中的磷酸酶的活性也能得到激活，这些都可以大大提高玉米植株从土壤中富集砷（As）。

4.2.1.3　孢子培育

目前，发现的砷超富集植物种类较少，应用最多的是蜈蚣草，为多年生蕨类，喜温暖阴暗潮湿的环境，一般分布在东南部，在气候寒冷干燥地区没有自然生长，引进这些砷超累积植物来修复砷污染土壤，这些植物在不同的地理、气候环境下不能正常生长或者生长缓慢，影响了其对土壤中污染物的吸收和转运。对此可采取孢子培育的方法以解决这些问题。在这些蕨类植物自然生长地带采集原始蕨类植物材料，获得蕨类植物孢子，在灭菌的无污染土壤或培养基上撒播蕨类植物孢子，控制温度和光照等条件进行培养，经2~3月培养可获得蕨类植物幼苗。蜈蚣草的孢子培育最关键要控制好环境条件，孢子培育期间要有足够的水分，才能正常萌芽，并且由于孢子极小，只能播在基质表面；又由于蜈蚣草喜欢温暖阴湿的环境，要避免强光照射，所以必须用遮阳网覆盖，并在高温时采用喷淋降温。

4.2.1.4　结合基因工程技术

目前所知的大多数砷超累积植物都存在生长缓慢、生物量小的特点，要筛选出高生物量、生长快速、容易种植和收获的砷超累积植物需要很大范围的调查和实验。随着高分子技术的发展，植物基因工程技术可以把多种抗性基因导入到不同品种的植物中，通过研究转基因植物，获得可以应用于砷污染治理的超富集植物新品种。

转基因技术的应用主要有三个步骤：首先，找出能够超富集砷且对砷耐性强的植物，用分子生物学方法鉴别出控制这些性状的基因。其次，找出生物量大、生长快速且容易种植和收获的目标植物；再次，分离克隆出控制超富集砷且对砷耐性强等性状的基因，将这些基因引入到新的植物的基因中，这些基因会诱发植物形成新的蛋白质，从而使得植物具备从土壤中吸收污染物的能力，成为我们理想的砷超累积植物。最后，转基因获得的新植物需要进行试验，以确定这些基因是否表达，转基因技术是否成功。其中，最关键也最难的步骤就是鉴别和克隆控制超富集砷，且对砷耐性强等性状的基因。

4.2.1.5　添加螯合剂

土壤中的砷主要是以固态吸附在土壤表面的形式存在。螯合剂又称螯合配体(Chelating Ligand)，可以改变砷在土壤中的存在状态，从而加强植物吸收和富集砷的能力，促进土壤固相中砷的释放，提高其生物有效性。这是因为螯合剂可以与土壤中可溶性金属相结合，打破土壤中的沉淀溶解平衡，从而促进砷离子的溶解。另外，螯合剂可以促进植物吸收重金属，使其向地上部分转移。再者，螯合剂与重金属形成能被植物吸收的螯合物，降低重金属对植物的毒性。经 Pikcering 等研究发现，向种植印度芥菜的土壤中添加二巯基丁二酸形成螯合剂能使印度芥菜吸收的砷向植物上部转运，茎和叶的砷浓度提高了 2~4 倍多，且砷在叶片内的重要存在形态为 As（Ⅲ)-DMS。

4.2.1.6　土壤性质改良

土壤作为植物的根际环境，土壤性质严重影响着植物和环境之间的物质能量交换。植物根系分泌糖类、有机酸等有机质，能降低根际土壤的 pH 值；植物根系对土壤水分、养分及氧气的吸收改变土壤的性质；土壤各组分间作用的复杂性也会影响到土壤的性质，有机质、络合剂、pH、Eh、微生物等许多环境因素都可能抑制植物生长或者影响植物对重金属的吸收。因此，改良土壤性质、调控根际环境可以改变重金属的生物有效性，增强植物根系对重金属的吸收。pH 值是土壤的重要性质之一，pH 值会改变土壤通气、透水以及植物根系穿插的性能，会影响土壤中污染物的存在状态。Baruah S 等发现，低 pH 值时有利于植物对土壤中砷的富集。在一定 pH 范围内砷富集植物富集砷的能力会受到土壤 pH 值的影响，土壤 pH 值在 2~4 时，土壤颗粒及土壤中上胶体对砷（As）具有较强的吸附能力，在 pH 值为 4 的土壤中，砷大量地被“固定”于土壤中，影响了植物对土壤中砷的吸收和转运。

廖晓勇等研究发现，施加磷肥对蜈蚣草的生长和富集砷都有显著的影响。施加磷肥量在 200kg/hm 以内时，磷肥施加越多，蜈蚣草生长有明显的增长趋势，而当施加磷肥量达到 200kg/hm 以上时，蜈蚣草的生长不再随着施磷量的增加而增长；而蜈蚣草的砷累积量则与磷肥施加量呈二次曲线的关系，施加磷肥量在 200kg/hm 以内砷累积量随着磷肥施加量的增加而增加，200kg/hm 以上砷累积量随着磷肥施加量的增加而减少。也有研究表明与对照砷累积量 450mg/kg 相比，在砷污染土壤中加入 5mmol/kg 环己烷二胺四醋酸（CDTA），植物砷累积量增长到 1400mg/kg。因此，适量施用肥料、药剂是提高植物修复砷污染土壤的一个重要手段。

4.2.2　化学强化植物修复技术

4.2.2.1　用于强化植物修复的螯合剂种类

螯合剂是指分子骨架上带有不饱和官能团，能够与重金属离子发生螯合作用的高分子化合物，根据其在环境中的可降解性分为人工合成螯合剂和天然螯合剂两大类，其中，传统的人工合成螯合剂如乙二胺四乙酸（EDTA）、二乙三胺五三乙酸（DTPA）、乙二胺二邻苯基乙酸（EDDHA）等，这些螯合剂对金属离子具有较强的选择性螯合能力，能够增强植物对重金属的吸收，但是由于无法被生物降解，施用后会长时间残留在土壤中。

天然螯合剂包括乙二胺二琥珀酸（EDDS）、氨三乙酸（NTA）、谷氨酸 N, N-二乙酸（GLDA）和低分子有机酸等，这类螯合剂由于本身在土壤中容易被生物快速降解，因此强化时效较短，但因此也避免淋洗重金属对地下水造成二次污染。天然低分子有机酸包括柠檬酸、草酸等也可以诱导植物吸收土壤中的重金属，这些有机酸具有更高的生物降解性和更低的淋洗风险。有研究表明，人工合成螯合剂正慢慢被有机酸所取代，因为低分子有机酸不仅降低了金属淋洗的危害，并且本身还可以提高土壤微生物活性，促进植物生长。除了化学螯合剂，一些表面活性剂也能强化植物提取修复，这材料是指具有固定的亲水疏水基团的物质，它通过取代界面上高能量的大分子来降低系统的自由能，由于本身具有活化污染物的能力，可用于土壤清洗或冲洗。根据本身的来源性质，表面活性剂可分为化学和生物表面活性剂两种，其中，化学表面活性剂包括三大类，阳离子表面活性剂（十六烷基二甲基氯化铵、十八烷基三甲基和十二烷基二甲基氧化胺等）、阴离子表面活性剂（十二烷基硫酸铵、十二烷基苯磺酸钠、脂肪醇醚硫酸钠等）和非离子表面活性剂（烷基醇酰胺、脂肪醇聚氧乙烯醚、烷基酚聚氧乙烯醚等）。化学活性剂的大量使用会对环境造成一定的影响，因此，环保、经济、高效的生物表面活性剂逐渐开始取代化学活化剂，生物表面活性剂是由动植物或微生物代谢产生，按照结构分为糖脂、脂肽、多糖蛋白质络合物、磷脂和脂肪酸，其分子同时含有极性和非极性两种基团，由于生物表面活性剂对环境友好，可被生物降解，并且来源广泛，在植物修复中具有较好的应用前景。

4.2.2.2 化学强化植物修复技术的应用及强化机理

土壤中的重金属元素主要是以难溶态、有机结合态或是沉淀形式存在，大部分元素在土壤溶液中的浓度较低，难以被植物吸收，植物提取修复过程植物主要吸收的是水溶态和可交换态的重金属，若能将难溶态的重金属转为植物可吸收态，则可提高活化效率，螯合剂则可以大大加速这个过程并提高植物的吸收效率。螯合剂就能够利用自身携带的不饱和官能团如羧基和氨基与重金属发生螯合作用，形成可溶性的螯合剂-重金属络合物，促进了难溶态重金属的释放以及重金属离子从土壤颗粒表面的脱离，提高土壤溶液重金属浓度并促进植物对其吸收。EDTA 是使用最为广泛的化学螯合剂，大量研究证明其对多种重金属有强大的螯合能力，并且可以有效地诱导植物提取修复。研究表明单一螯合剂对不同重金属的螯合能力不同，在向 Pb、Cd、Cu、Zn 等多种元素复合污染的土壤中施加 2.5mmol/L 的 EDTA，结果表明植物地上部对 Pb 的累积量最高，比第二的 Cu 积累量高出 2.6 倍，说明 EDTA 对土壤 Pb 的螯合能力最好。并且不同的螯合剂强化植物修复的效果之间也有较大差异，如在比较 EDTA、HEDTA、DTPA 强化玉米提取修复 Pb 的试验中，EDTA 处理后植物重金属的积累量上升了 50%，相比之下 HEDTA、DTPA 处理后没有显著差异，这种差异也与重金属以及植物的种类相关。但由于传统螯合剂在土壤中难以降解，容易下渗引起地下水污染，相比之下，生物可降解螯合剂易于降解，可以成为传统螯合剂的替代品。Meers 等的研究表明，当施用 EDDS 时，重金属的活化量随着时间的推移而减少，而 EDTA 处理没有出现这种情况，这证明了 EDDS 具有较高的生物降解性。Shilev 等研究了 NTA 和 EDDS 促进玉米和向日葵中 Cd、Cu、Zn 的积累，结果表明，活化剂强化的效率取决于植物的种类。例如，在 5mmol/L NTA 处理下，Cd 在向日葵叶片中的累积效率更高，EDDS 对玉米的累积效果更好。此外，EDDS 对土壤细菌和真菌活性没有抑制，而 NTA 对植物有一定毒性，但显著低于 EDTA，并且 NTA 对土壤 Pb 的淋洗量要远低于 EDTA，不会对环境造成二次污染。

目前，对于螯合剂辅助植物提取强化机理主要有两个理论，其一是螯合剂可以将土壤中的金属解离，并将被活化的金属转移到根际供植物根系吸收。目前使用的螯合剂通常都是强阴离子螯合剂，对金属离子有较强的选择螯合能力，一旦发生络合，金属阳离子电荷就会与之中和从而变为中性或是带负电，而土壤胶体本身带有负电，因此极大地增加了金属离子在土壤中的溶解度和流动性，从而改善了金属通过土壤向植物根系的迁移，另一个重要的理论表明，植物可以直接吸收重金属与螯合剂形成的络合态。铅作为一种典型的土壤金属污染物，得到了广泛的研究，研究结果表明，铅可被植物根系吸收并以 Pb-EDTA 复合物的形式在植物体内转移。Sarret 等在普通植物叶片中检测到部分 Pb 与 EDTA 络合，由于 Pb-EDTA 的配合物不能通过 Pb 的还原或氧化而被拆分，并且 Pb-EDTA 或 EDTA 也不能在质膜上扩散。同时由于 Pb-EDTA 本身太大且极性太强，无法移动通过质膜的脂质双层，因此，螯合剂是通过与重金属形成络合物后被植物直接吸收，从而提高修复效率。

在诸多有机酸中，柠檬酸用于提高植物对重金属的溶解度和吸收能力最为显著，同时还可以增加植物对其他营养物质的吸收。虽然这类螯合剂对重金属的活化能力虽不及人工合成的螯合剂，但其由于易生物降解，属于环境友好型螯合剂。在有机酸进入土壤后，附带的羧基和羟基可以解离出质子，一方面可以降低土壤的 pH 值，释放难溶态或被固持在土壤矿物中的重金属，另一方面释放的氢离子可以吸附在土壤颗粒和矿物表面的阳离子吸附位点，将金属离子置换出来，从而增加金属离子在土壤溶液中的浓度。同时这些不饱和基团可以与有力金属离子络合，形成有机酸-重金属络合物，进而提高重金属的有效性，促进植物的吸收。但是过高浓度的有机酸也会影响土壤性质和植物正常的生长，高浓度的柠檬酸对烟草有强烈的植物毒性，能明显降低植株生物量。最近有研究表明柠檬酸能有效促进植物对 Cd 吸收和积累，而不会对植物正常生长造成影响。天然有机酸与人工螯合剂相比成本更高，在有限修复效率的前提下，有机酸在实际应用推广时仍有较大的局限性。一般表面活性剂在活化土壤重金属时主要通过活性剂的亲水基团与土壤颗粒接触，降低土壤与重金属之间的界面张力，将原本在吸附位点的重金属离子置换到土壤溶液中，占据土壤表面的吸附位点，由此活性剂可以降低土壤颗粒与重金属的吸附力。在重金属离子进入土壤溶液中，可以和其余未吸附土壤颗粒的活性剂粒子通过羧基络合，从而提高重金属的有效性。

4.2.2.3　用于强化植物修复的活化剂的生态风险及其评价

自从螯合诱导植物修复技术提出以来，大量施用化学合成螯合剂，相应的环境风险也随之而来。以 EDTA 为例，尽管 EDTA 对活化土壤中的重金属以及诱导植物对目标重金属的吸收具有良好的效果，但是，大量试验表明，其使用带来的负面影响也很突出：

第一，EDTA 的使用通常会对植物、土壤动物以及微生物产生毒害作用，大量研究结果表明 EDTA 处理下植物生长受限，具体表现为种子萌发率低、叶片萎蔫、萎黄坏死和蒸腾作用减弱等，Epelde 等的研究结果也表明 EDTA 相比于 EDDS 显著抑制了土壤微生物群落的活性，表明 EDTA 具有明显的生物毒性。

第二，EDTA 螯合重金属的含量远远超过了植物所累积的含量，多余的螯合态重金属无法被植物吸收而残留在土壤中而无法被降解，在较长一段时间会与土壤颗粒结合继续螯合重金属，当有降雨或者灌溉时，残留在土壤中的 EDTA 会使重金属向下渗滤，对地下水造成潜在威胁。

第三，由于 EDTA 的非特异性，30%左右的螯合剂会与土壤中植物必需营养元素络合，所以会造成土壤中营养元素的潜在淋失。

近年来大量研究利用 EDDS 来代替 EDTA 诱导植物提取。Evangelou 等发现 EDDS 对铜和锌的吸收效率高于 EDTA，但对 Pb 收效率较低。然而，植物生长受到 EDDS 的抑制，这证明 EDDS 具有一定的植物毒性。然而 EDDS 的毒性作用在其他研究中却没有表现，这意味着 EDDS 的毒性取决于植物种类和实验条件，如 pH 值、土壤类型、其他金属元素的存在等。尽管 EDDS 属于环境友好型螯合剂，由于其在土壤中存留时间较短且修复效率较低，为了追求更高的修复效率往往会增加施用的剂量，而高浓度的 EDDS 对植物和土壤微生物产生毒害作用。

对于螯合剂强化植物修复后的评价包括两方面：一是重金属的渗滤及二次污染问题；二是植物修复后土壤的健康状况。对于前者，目前大部分的研究通过以下几个指标的变化来表征：土壤溶液中目标重金属在植物修复前后的变化；植物修复后螯合剂处理土壤中有效态重金属的含量和对照的差别；土壤溶液中 DOC 随时间的变化等。而后者主要通过更为敏感的土壤生物学指标：土壤中微生物数量的变化；土壤微生物的呼吸速率；土壤功能酶的活性和土壤微生物群落结构等等。相比较物理和化学指标，生物指标能反映多个环境因素共同作用的结果，因此它更适于反映土壤的健康状况，将前后二者结合综合评价能反映出螯合剂的真实环境效果。螯合诱导植物修复重金属污染土壤的目的是去除土壤中的重金属，恢复土壤健康，使修复后的土壤可以持续利用，不会对人体健康以及生态环境造成危害。要实现这个目标，一方面需要继续筛选对重金属以及螯合剂具有耐性高、生长速度快、生物量大和易于收获的植物；另一方面还需加强对螯合剂的研发，理想的螯合剂应该是在环境中已被降解且能高效螯合重金属的生物源螯合剂。

4.3　砷富集植物的种类

植物修复技术是利用超富集植物对重金属的吸收作用，可同时结合土壤改良技术，将土壤中的重金属吸收转移至植物的地上部，随后通过收割等手段集中处理，从而净化土壤重金属污染（戴树桂，董亮，王臻，1999）。

超富集植物最早在1583年被意大利植物学家Cesalpino发现，其是生长在托斯卡纳“黑色岩石”上的一种特殊植物，1814年Desuaux将其命名为Alyssum bertolonii（庭荠属），1814年Minguzzi和Vergnano首次测定该植物叶片中（干重）富含Ni达7900mg/kg（Fasani E，2012），这是世界上发现的第一种超富集植物，之后的研究进一步发现其区域分布与土壤中的某些重金属呈正相关关系（Jin VL，Evans RD，2010；Uena D，et al，2004）。初期，这些植物也被应用到矿产勘探领域（Warren HV，1983），中国曾利用Elsholtziaharchowensis Sun（海州香薷，俗称铜草）来寻找铜矿（谢学锦，徐邦樑，1952）。随着对该类植物的不断研究，逐渐发现了重金属污染土壤区域的大量地方性优势植物，至1977年，Brooks（Brooks R，Lee J，Reeves R，1977）首次提出超富集植物的概念，其定义是能够超量富集重金属并将其转运到地上部的植物，通常，超富集植物可以考虑以下两个主要因素：

（1）植物叶片或地上部（干重）中含Cd达到100mg/kg，含Co、Cu、Ni、Pb达到1000mg/kg，Mn、Zn达到10000mg/kg以上；

（2）植物地上部的重金属含量高于根部的植物称为超富集植物，至今世界上共发现400多种超富集植物，详见表4-1。超富集植物的发现为植物修复技术奠定了基础。

表4-1　目前已发现的超富集植物

金　属	科　数	种　数
砷	1	7
镉	1	2
钴	12	26
铜	11	24
铅	3	5
锰	5	8
镍	36	277
锌	5	18

随后1983年，Chaney（Gioseffi E，Neergaard AD，Schjoerring JK，2012）提出了利用超富集植物清除土壤重金属污染的思想，有关耐重金属植物与超富集植物的研究随之逐渐增多，植物修复作为一种修复土壤重金属污染的技术被提出，工程性的试验研究以及实地应用效果显示了植物修复技术商业化的巨大前景（韦朝阳，陈同斌，2001）。

目前国内外已发现的砷的超富集植物为蜈蚣草、大叶井口边草、粉叶蕨、白玉凤尾蕨等，详见表4-2。其中，蜈蚣草的应用最为广泛，在田间试验中发现蜈蚣草对砷污染土壤的修复率最高可达7.84%（廖晓勇等，2008），且修复率与收割次数成正比关系，蜈蚣草已投入工程性土壤重金属修复，并成功修复湖南郴州砷污染土壤（陈同斌等，2010）。

表4-2 砷超富集植物

名　称	地上部分砷浓度/$mg \cdot kg^{-1}$
蜈蚣草	214～2350 3280～4980
粉叶蕨	2760～8350
大叶井口边草	149～694
井栏边草	624～4056
斜羽凤尾蕨	301～2142
紫轴凤尾蕨	3968～4104
白玉凤尾蕨	3697～3923
狭眼凤尾蕨	1570～2410
琉球凤尾蕨	1490～2090
粗蕨草	1550～2290

4.4 砷富集植物后续处理

需要引起关注的一个重要问题是植物修复的后续处理，即如何处理污染地块收获的植物。常见的处理方法有集中填埋、焚烧和堆制肥料。也有研究者认为，可以从焚烧的灰渣中提取出贵重的金属As，从而抵消修复土壤的费用[67]。砒霜（三氧化二砷，As_2O_3）在我国早就被当做中药用来治疗急粒；另外砷（As）也被当做防腐剂添加到许多材料中，同时很多农药中也含有砷。相对于集中填埋和堆肥而言，焚烧是目前应用更多的后续处理方法，聂灿军[68]对影响焚烧的各个因素进行了研究，得出三个结论：

（1）热分析处理实验中采用25℃/min的升温速率效果最好；

（2）相对于氮气气氛，砷超富集植物样品在空气气氛下热解更完全，这表明有氧存在的气氛能够促进砷超富集植物的热解；

（3）蜈蚣草在焚烧炉中的停留时间对热分解效果影响较小，在焚烧处理时可以采用连续升温的方式。

焚烧后产生的灰渣也是一种固体废弃物，目前，一般采用固定化/稳定化技术进行固化，然后进入到安全填埋场中进行安全填埋的处理方式。

植物修复技术更接近自然生态，具有投资少，修复周期短且无二次污染等优点，同时可以净化与美化环境，增加土壤有机质和肥力，适用于大面积修复，但安全并廉价的优势植物尚无法在北方地区得到推广，因为该类砷富集植物多喜阴喜湿，只适合在淮河以南生长，尤其在我国西北地区，气候常年干旱少雨，许多高砷土壤还存在盐碱化严重的问题，而砷在盐碱土中十分活跃，很容易迁移到农作物和水体中，使治理的难度进一步加大。因此，未来应注重研究利用转基因技术筛选并培育出耐寒基因导入生物量大、生长速度快的植物中，并应用于土壤砷污染修复。另外，在植物修复为主的修复技术基础上，辅以化学、微生物及农业生态修复技术提高植物修复的综合效率，也是未来植物修复的研究方向。

4.5　广域砷污染地块植物修复技术应用案例

作为云南省解决历史遗留污染问题试点项目，同时《云南省关于贯彻加强重金属污染防治工作指导意见的实施方案》，《关于印发 2011 年重金属污染综合防治行动计划的通知》和《文山州环境保护局关于重金属污染防治项目前期工作的通知》也将本项目列入为重点治理项目。另外，云南省环境科学研究院 2009 年 6 月编制的《云南文山历史遗留砷渣综合治理工程可行性研究报告》也将本项目列为重点实施项目。

云南省文山州有色金属储量丰富，是云南有色金属采选冶产业最发达的地区之一，其雄黄矿的开采和冶炼历史悠久，自 20 世纪 50 年代以来，随着文山砒霜厂等国有企业的成立，文山州砷的开采冶炼步入大规模工业化时代，其砒霜（三氧化二砷）产量多年居全国首位，至九十年代末，砷及其化合物产品市场逐步被替代，加之砷冶炼企业工艺装备落后，环境污染严重，企业经济效益迅速下滑或亏损，多重因素导致砷开采冶炼企业几乎全部关闭，但这些企业数十年采选冶生产过程遗留下来的砷渣近百万吨（废物属性为危险废物）成为无业主废物。

砷属一类污染物质，其三价氧化物——砒霜属剧毒类物质，是传统毒药。砷矿经火法冶炼后，砷几乎全部由硫化态转变为氧化态，因此毒性极高，环境风险巨大，若干年来，文山州砷渣引发的人畜中毒事件时有发生，雨季砷渣流失造成河流、湖泊污染。据调查，本项目砷渣含砷 1%～12%，而农业土壤允许含量为 40mg/kg，一吨砷渣可导致数千平方米的土壤砷超标，近百万吨砷渣可导致数百平方公里国土砷超标。

文山州西畴县地处云南东南边陲，畴阳河作为西畴县的主要河流，接纳县境内的大部分地表径流和地下水，并流入下游的盘龙河，最终由麻栗坡流入越南，是典型的国际河流。为防止砷渣流失给边疆群众和下游国家带来危害，当地政府曾经采取一些简单措施如导洪、筑土坝等，这些措施短时期内能发挥一定作用，但难以达到治本效果，砷依然流失扩散，环境风险依然存在。为进一步处理和控制西畴县重金属污染土壤，尤其是砷污染土壤对下游水体和居民的影响，国家环保部的重金属污染防治十二五规划将西畴县土壤植物修复工程列入重点治理工程，同时，云南省环保厅、文山州环保局均将此项目工程列为云南省文山州历史遗留砷渣综合治理工程项目的重点支持项目。故此，文山州西畴县环境保护局委托我单位开展“西畴县土壤植物修复工程项目”实施方案编制工作，以通过项目的实施彻底解决项目区重金属砷污染及项目区生态环境问题。

4.5.1 建设目标

通过实施土壤改良、重金属富集和耐污植物的选择和配置等工程的实施，使项目区域内的生态环境逐步恢复、植物种类不断丰富、生物多样性逐步体现。项目实施后，将实现对项目区 7.17 亩重金属污染土壤的生态修复，项目区域内乔木及灌木恢复种类不少于两种，草本地被植物恢复种类不少于三种。植被覆盖率到达 90%以上。

4.5.2 植物工程设计

4.5.2.1 物种选择原则

物种选择原则：

（1）强化植物对重金属砷富集的功能。通过合理的地形改造及植物配置，保证项目区域内生态系统及生物多样性的恢复，已达到水土保持的目的。

（2）依据项目区域内的地形地貌特征及植物种类搭配。

（3）在植物的配置应用中，自然式种植为主导，孤植、丛植、群植相结合，分布表现为点状、斑块状、带状。

（4）综合考虑植物配置的层次及视觉林冠天际线与当地总体景观的协调。

（5）生态美原则，景观个性原则。

4.5.2.2 植物选择

根据以上原则，主要选择固土能力强、对重金属富集效果好、根系发达、有一定经济价值的植物。分别为：杉树、蜈蚣草、苎麻、狼尾草、狗牙根草，并在项目区外围种植沙棘果。

4.5.2.3 植物特征概述

A 杉树

杉树属松科，常绿乔木，生长在海拔 300～1100m 的山区带上，耐寒树种，高可达 30m，胸径 3m，树干端直，树形整齐。杉木的品种较多，大致分为三类：一类是嫩枝新叶均为黄绿色、有光泽的油杉，又名黄杉、铁杉；另一类是枝叶蓝绿色、无光泽的灰杉，又名糠杉、芒杉、泡杉；还有一类是叶片薄而柔软，枝条下垂的线杉，又名柔叶杉，被称为“万能之木”，见图 4-1。

图 4-1　杉树

产于浙江天目山、福建南屏三千八百坎及江西庐山等处海拔 1100m 以下地带，浙江、江苏南部、安徽南部、四川、贵州、云南、湖南、湖北、广东、广西及河南郑州等地有栽培，生长良好。纹理顺直、耐腐防虫，广泛用于建筑、桥梁、电线杆、造船、家具和工艺制品等方面。据统计，我国建材约有 1/4 是杉木。杉树生长快，一般只要 10 年就可成材。它是我国南方最重要的特产用材树种之一。

B　蜈蚣草

蜈蚣草为多年生草本植物，高 1. 3～2m。根状茎短，被线状披针形、黄棕色鳞片，具网状中柱。叶丛生，叶柄长 10～30cm，直立，干后棕色，叶柄、叶轴及羽轴均被线形鳞片；叶矩圆形至披针形，长 10～100cm，宽 5～30cm，1 次羽状复叶；羽片无柄，线形，长 4～20cm，宽 0. 5～1cm，中部羽片最长，先端渐尖，先端边缘有锐锯齿，基部截形，心形，有时稍呈耳状，下部各羽片渐缩短；叶亚革质，两面无毛，脉单 1 或 1 次叉分。孢子囊群线形，囊群盖狭线形，膜质，黄褐色，见图 4-2。

图 4-2　蜈蚣草

常地生和附生于溪边林下的石缝中和树干上。喜温暖潮润和半阴环境。生长适温3~9月为16~24℃，9月至第二年3月为13~16℃。冬季温度不低于8℃，但短时间能耐0℃低温，也能耐30℃以上高温。蜈蚣草是大量富集土壤中砷、铅等重金属的植物。蜈蚣草中的砷含量竟可以达到1%~2%，而且多集中于地上部分，可改良土质土壤，一年可以收割三次之多。

C 苎麻

苎麻为荨麻科苎麻属，系多年生宿根性草本植物，宿根年限可达10~30年以上。苎麻为半灌木植物，高1~2m；茎、花序和叶柄密生短或长柔毛。叶互生，宽卵形或近圆形，表面粗糙，背面密生交织的白色柔毛。花雌雄同株，团伞花序集成圆锥状，雌花序位于雄花序之上；雄花：花片4，雄蕊4；雌花花被管状，被细毛。瘦果椭圆形，长约1.5mm，花果期7~10月，见图4-3。

图4-3 苎麻

苎麻在湖南、湖北、四川、安徽、江西、广西、浙江、贵州、河南、陕西、江苏、云南、福建、广东和台湾等省（自治区）均有种植，以湖南、湖北和四川省为最多。生育期头麻80~90天，二麻50~60天，三麻70~80天，全年生育期230天左右。

从污染净化方面看，韦朝阳和陈同斌（2002）对一些高砷区植被调查研究发现，在土壤砷浓度很高的情况下，耐性植物苎麻地上部含砷量可达536mg/kg。

从水土保持方面看，苎麻根系发达、固土力强，地上茎高而密度大，一般高达2m左右。一年生长三季，苎麻覆盖后，既可减少水分蒸发，保持土壤湿润，降低土壤侵蚀量和地表径流量，又有利于苎麻生长。每季苎麻剥打后，麻杆、麻叶还土，直接覆盖麻地表面，既可提高土壤肥力，又可防止收麻后覆盖率低时暴雨冲刷表土，提高地面覆盖度，降低暴雨的侵蚀力，增强土壤抗蚀力和入渗力，减少表土流失；苎麻既是深根型植物，又是多年生植物，再生能力也很强，一年三季，年复一年，当年栽种，多年受益。在雨季一般只是中耕除草，不深翻地，每年在冬季实行深中耕，翻松土，与此同时，将杂草和落叶等一道埋入麻地行间，既解决了苎麻生长所需的有机肥料，又能使土壤疏松。

D　狼尾草

狼尾草为禾本科一年或多年生草本植物。该种小穗单生，偶有2~3枚簇生。须根较粗壮。秆直立，丛生，高达30~120cm，在花序下常密被柔毛。多生于海拔50~3200m的田岸、荒地、道旁及小山坡上。国内外均有分布。对土壤适应性较强，耐轻微碱性，也耐干旱贫瘠土壤。狼尾草生性强健，萌发力强，容易栽培，对水肥要求不高，少有病虫害。多年生狼尾草根系较发达，具有良好的固土护坡功能。其全草、根或根茎均可供药用，其中，全草可清热、凉血、止血；根或根茎清热解毒。此外，它还是一种饲用植物和观赏植物，见图4-4。

图4-4　狼尾草

护坡性能：野生狼尾草成坪时间49d，最大草层高度117.14cm，生长4个多月后茎叶鲜重112.93t/hm^2、茎叶干重32.99t/hm^2、茎叶最大截留率45.35%、茎叶最大截留量5.12mm，均明显优于对照草种；生长4个多月后枯落物的有效蓄水率达304.88%，略低于对照草种，但两者枯落物有效蓄水量均极低；野生狼尾草茎叶覆盖降低地表温度、保持土壤水分的生态效应比对照草种更显著。

E　狗牙根草

狗牙根，又名百慕大，禾本科狗牙根属暖季型草坪草。匍匐茎发达，形成的草坪低矮。耐践踏，常用于运动场草坪。性强健，亦是优良的水土保持植物。脱壳种子每公斤达360万粒，单播10~15g/m^2；未脱壳种子每公斤达330万粒，播种量达15~20g/m^2。长江流域及以南地区均可播种。

狗牙根是适于世界各温暖潮湿和温暖半干旱地区长寿命的多年生草，极耐热和抗旱，但不抗寒也不耐荫。狗牙根随着秋季寒冷温度的到来而褪色，并在整个冬季进入休眠状态。叶和茎内色素的损失使狗牙根呈浅褐色。当土壤温度低于

10℃时，狗牙根便开始褪色，并且直到春天高于这个温度时才逐渐恢复。引种到过渡气候带的较冷地区的狗牙根，易受寒冷的威胁，4~5年就会死于低温。狗牙根适应的土壤范围很广，但最适于生长在排水较好、肥沃、较细的土壤上。狗牙根要求土壤pH值为5.5~7.5。它较耐淹，水淹下生长变慢；耐盐性也较好，见图4-5。

图4-5 狗牙根草

F 沙棘果

沙棘果为胡颓子科沙棘属植物沙棘（Hippophaerhamnoides L.）的果实，又名醋柳果，酸刺果。沙棘果是一种小浆果植物，落叶灌木或小乔木。落叶灌木或乔木，高1~5m，高山沟谷可达18m，棘刺较多，粗壮，顶生或侧生；嫩枝褐绿色，密被银白色而带褐色鳞片或有时具白色星状柔毛，老枝灰黑色，粗糙；芽大，金黄色或锈色。单叶通常近对生，与枝条着生相似，纸质，狭披针形或矩圆状披针形，长30~80mm，宽4~10(~13)mm，两端钝形或基部近圆形，基部最宽，上面绿色，初被白色盾形毛或星状柔毛，下面银白色或淡白色，被鳞片，无星状毛；叶柄极短，基本无或长1~1.5mm。果实圆球形，直径4~6mm，橙黄色或橘红色；果梗长1~2.5mm；种子小，阔椭圆形至卵形，有时稍扁，长3~4.2mm，黑色或紫黑色，具光泽。花期4~5月，果期9~10月，见图4-6。

图4-6 沙棘果

4.5.3 建设内容

在完成地形建设及土壤改良后，通过选择需满足对重金属污染富集效果好、耐污性强、固土效果好、耐寒、适宜贫瘠土壤生长的西南地区，尤其是云南地区常见的植物种类，以降低由于植物种植带来的生态安全风险。本项目的土壤植物修复选择和配置的植物如下文所述。

4.5.3.1 植物选择与配置

在完成地形建设及土壤改良后，通过选择对含砷及其他重金属污染物吸收、富集、转移效果好植物对污染土壤进行修复净化，如蜈蚣草、苎麻等；同时，选取具有一定经济价值的树种进行栽植，如成材较快木质较好的杉树等。

4.5.3.2 超富集植物的处置

应用于本项目土壤植物修复工程的超富集植物：如蜈蚣草、苎麻等，在其生长过程中富集砷后，进行定期收割，一般收割频率为一年一次。收割后的重金属超富集植物应进行妥善处理，以免造成二次污染问题。依据现场条件，可将收割后的重金属超富集植物实施焚烧处理，并将焚烧灰收集、包装后，按危险废物相关处理标准进行处理，以免造成因焚烧灰产生的重金属污染问题。

麻栗坡县历史遗留砷渣堆放地块修复工程土壤植物修复工程量如表 4-3 所示。

表 4-3 植物工程量表

序号	工程项目	工 程 参 数	工 程 量
1	栽植杉树	1. 乔木各类：杉树； 2. 胸径：2~5cm； 3. 高度：150~200cm； 4. 冠幅：50~100cm； 5. 种植间距：3m×3m； 6. 养护期：2 年	593 株
2	栽植蜈蚣草	1. 灌木种类：蜈蚣草； 2. 高度：h30~40cm； 3. 冠径：20~30cm； 4. 种植间距：30 株/m^2； 5. 养护期：2 年	4135. 2m^2

续表 4-3

序号	工程项目	工 程 参 数	工 程 量
3	种植苎麻	1. 草皮种类：苎麻； 2. 铺种方式：撒种； 3. 播种率：$20g/m^2$； 4. 养护期：2 年	$4135.2m^2$
4	混播草籽	1. 草籽种类：狗牙根草、狼尾草； 2. 铺种方式：撒种； 3. 播种率：$20g/m^2$； 4. 狗牙根草、狼尾草 6：4 混播； 5. 养护期：2 年	$4140m^2$
5	栽植沙棘果	1. 灌木种类：沙棘果； 2. 高度：120~150cm； 3. 冠径：80~100； 4. 胸径：2~5cm； 5. 养护期：2 年	340 株

参 考 文 献

[1] Alan J M. Metal hyperaccumulator plants: A review of the ecology and physiology of a biological resource for phytoremediation of metal-polluted soils [J]. Phytoremediat. Contam. Soil Water, 2000, 47 (2): 85~107.

[2] Hazrat Ali, Ezzat Khan, Muhammad Anwar Sajad. Phytoremediation of heavy metals—Concepts and applications [J]. Chemosphere, 2013, 91 (7) .

[3] Anju M, Banerjee D K. Associations of cadmium, zinc, and lead in soils from a lead and zinc mining area as studied by single and sequential extractions [J]. Environmental Monitoring and Assessment, 2011, 176 (1~4) .

[4] Danijela Arsenov, Milan Zupunski, Milan Borisev, et al. Exogenously Applied Citric Acid Enhances Antioxidant Defense and Phytoextraction of Cadmium by Willows (Salix Spp.) [J]. Water, Air, & Soil Pollution, 2017, 228 (6) .

[5] Muhammad Arshad, Muhammad Saleem, Sarfraz Hussain. Perspectives of bacterial ACC deaminase in phytoremediation [J]. Trends in Biotechnology, 2007, 25 (8) .

[6] Muhammad Arshad, Muhammad Saleem, Sarfraz Hussain. Perspectives of bacterial ACC deaminase in phytoremediation [J]. Trends in Biotechnology, 2007, 25 (8) .

[7] Haiyang Chen, Yanguo Teng, Sijin Lu, et al. Contamination features and health risk of soil heavy metals in China [J]. Science of the Total Environment, 2015, 512~513.

[8] Xiaofang Guo, Zebin Wei, Qitang Wu, et al. Effect of soil washing with only chelators or combi-

ning with ferric chloride on soil heavy metal removal and phytoavailability: Field experiments [J]. Chemosphere, 2016, 147.

[9] Xiaoxin Hu, Xiaoyan Liu, Xinying Zhang, et al. Increased accumulation of Pb and Cd from contaminated soil with Scirpus triqueter by the combined application of NTA and APG [J]. Chemosphere, 2017, 188.

[10] Erika Jez, Domen Lestan. EDTA retention and emissions from remediated soil [J]. Chemosphere, 2016, 151.

[11] Amanullah Mahar, Ping Wang, Amjad Ali, et al. Challenges and opportunities in the phytoremediation of heavy metals contaminated soils: A review [J]. Ecotoxicology and Environmental Safety, 2016, 126.

[12] Meers E, Tack F M G, Verloo M G. Degradability of ethylenediaminedisuccinic acid (EDDS) in metal contaminated soils: Implications for its use soil remediation [J]. Chemosphere, 2007, 70 (3).

[13] Fande Meng, Guodong Yuan, Jing Wei, et al. Humic substances as a washing agent for Cd-contaminated soils [J]. Chemosphere, 2017, 181.

[14] Isabel Pinto S S, Isabel Neto F F, Helena M V M. Soares. Biodegradable chelating agents for industrial, domestic and agricultural applications—a review [J]. Environmental Science and Pollution Research, 2014, 21 (20).

[15] Zhiqi Qiu, Hongming Tan, Shining Zhou, et al. Enhanced phytoremediation of toxic metals by inoculating endophytic Enterobacter sp. CBSB1 expressing bifunctional glutathione synthase [J]. Journal of Hazardous Materials, 2014, 267.

[16] Susan Tandy, Adrian Ammann, Rainer Schulin, et al. Biodegradation and speciation of residual SS-ethylenediaminedisuccinic acid (EDDS) in soil solution left after soil washing [J]. Environmental Pollution, 2005, 142 (2).

[17] 白薇扬，高焕方，李纲. NTA 与 EDTA 联合施用对茼蒿富集土壤重金属的影响 [J]. 地球与环境，2018，46 (02)：156~163.

[18] 陆凡. 新型脱附剂的制备及在石油开采区污染土壤修复中的应用 [D]. 杭州：浙江大学，2016.

[19] 卢宁川，冯效毅. 生物表面活性剂强化植物修复重金属污染土壤的可行性 [J]. 环境科技，2009，22 (04)：18~21.

[20] 冯子龙，卢信，张娜，等. 农艺强化措施用于植物修复重金属污染土壤的研究进展 [J]. 江苏农业科学，2017，45 (02)：14~20.

[21] 胡艳，王敬伟，李宇强. 农艺措施强化重金属污染土壤的植物修复 [J]. 南方农业，2015，9 (33)：249~251.

[22] 袁金玮，陈笈，陈芳，等. 强化植物修复重金属污染土壤的策略及其机制 [J]. 生物技术通报，2019，35 (01)：120~130.

[23] Rahman M A, Hasegawa H. Aquatic arsenic: phytoremediation using floating macrophytes [J]. Chemosphere, 2011, 83 (5): 633~646.

[24] Wei C Y, Chen T B. Arsenic accumulation by two brake ferns growing on an arsenic mine and

their potential in phytoremediation [J]. Chemosphere, 2006, 63 (6): 1048~1053.

[25] Visoottiviseth P, Francesconi K, Sridokchan W. The potential of Thai indigenous plant species for the phytoremediation of arsenic contaminated land [J]. Environmental Pollution, 2002, 118: 453~461.

[26] Mrittunjai Srivastava, Lena Q Ma, Jorge Antonio Gonzaga Santos. Three new arsenic hyperaccumulating ferns [J]. Science of the Total Environment, 2006, (364): 24~31.

[27] Chen T B, Wei C Y, Huang Z C, et al. Arsenic hyperaccumulation pteris vittata and its characters of accumulating arsenic [J]. Chinese Science Bulletin, 2002, 47 (30): 207~210.

[28] Vetterlein D, Wesenberg D, Nathan P, et al. Pteris vittatare visited: uptake of As and its speciation, impact of P, role of phytochelatins and S. Environ Pollut, 2009, 157 (11): 3016~3024.

[29] Regvar M, Vogel K, Irgel N, et al. Colonization of pennycresses (Thlaspispp) of the Brassicaceae by arbuscular mycorrhizal fungi [J]. journal of Plant Physiology, 2003, 160 (6): 616~626.

[30] 陈保冬, 李晓林, 等. 一种提高砷污染土壤植物修复效率的方法 [P]. 中国专利: 1633834, 2003-12-26.

[31] 刘毅, 丁元明, 寸东义, 等. 利用植物基因工程技术治理重金属污染 [J]. 安徽农业科学, 2008, 36 (12): 4894~4897.

[32] 朱雅兰. 重金属污染土壤植物修复的研究进展与应用 [J]. 湖北农业科学, 2010, 49 (6): 1495~1499.

[33] Tu S, Ma L Q. Interactive effects of pH, arsenic and phosphorus on uptake of As and P and growth of the arsenic hyperaccumulations Pteris vittataL. under hydroponic conditions [J]. Environmental and Experimental Botany, 2003, 50: 243~251.

[34] 周国华. 被污染土壤的植物修复研究 [J]. 物探与化探, 2003, 27 (6): 473~475.

[35] Baruah S, Borgohain J, Sarma K P. Phytoremediation of Arsenic by Trapanatans in a Hydroponic System [J]. Water Environment Research, 2014, 86 (5): 422~432.

[36] 廖晓勇, 陈同斌, 谢华, 等. 磷肥对砷污染土壤的植物修复效率的影响: 田间实例研究 [J]. 环境科学学报, 2004, 24 (3): 455~462.

[37] Huang Y, Miyauchi K, Inoue C, et al. Development of suitable hydroponics system for phytoremediation of arsenic-contaminated water using an arsenic hyperaccumulator plant Pteris vittata [J]. Bioscience, biotechnology, and biochemistry, 2015 (6): 1~5.

[38] Chhotu D Jadia, Fulekar M H. Phytoremediation of heavy metals: Recent techniques [J]. African Journal of Biotechnology, 2009, 8 (6): 921~928.

[39] 聂灿军. 蜈蚣草的种植密度及其收获物的焚烧处理研究 [D]. 武汉: 华中农业大学, 2006.

5　砷污染地块修复治理效果评估

根据《中华人民共和国环境保护法》《中华人民共和国土壤污染防治法》《土壤污染防治行动计划》《污染地块土壤环境管理办法（试行）》《农用地土壤环境管理办法（试行）》法律法规及相关标准规范要求，评定砷污染地块修复治理效果，是地块修复工程不可缺少的定论环节，对政府部门的决策起着指导作用。砷污染地块修复治理项目需开展修复治理效果评估，这就要求砷污染地块的责任主体了解我国对砷污染地块的修复治理流程和相应的环保手续，并严格按照相关程序完成砷污染地块的修复治理工作及有效的修复治理效果评估。受不同污染地块具体环境地质条件、修复模式及修复技术等因素影响，施工过程中的监控程序和验收程序存在较大差异，因此污染地块修复效果评估显得尤为重要。根据相关管理文件要求，砷污染地块修复治理效果评估主要是通过考察修复后现场、修复区域采样检测分析，考核和评价治理修复后的地块是否达到在地块修复技术方案中提出的，且报生态环境部门备案批准的修复范围与修复目标。

5.1　效果评估的工作程序

5.1.1　基本原则

污染地块修复治理效果评估应对地块是否达到修复目标进行科学、系统的评估，提出后期环境监管建议，为污染地块管理提供科学依据。

效果评估实施根据评估对象、范围和周期的不同，可分为异位治理修复工程效果评估、原位治理修复工程效果评估和风险管控治理修复工程效果评估三类。对同时符合两种及以上类型效果评估的地块治理修复，应根据治理修复过程特点，根据上述三类效果评估类型对修复过程进行细分，并在各个修复阶段选用适合的效果评估程序进行评估，在汇总各阶段效果评估结果的基础上，最终形成修复工程治理修复效果评估报告。

5.1.2　工作内容

污染地块修复治理效果评估的工作内容包括：更新地块概念模型、布点采样与实验室检测、修复效果评估、提出后期环境监管建议、编制效果评估报告。

效果评估的范围主要为污染地块中需治理修复的区域，及修复过程中可能受扰动的区域，包括暂存、处置和修复过程中污染物迁移涉及的区域。风险管控工程效果评估的范围应当完全覆盖关注污染物浓度超过可接受风险值水平的区域，及可能受影响的区域。对于涉及危险废物清除的污染地块，应对清除后的区域进行采样评估。

原位修复地块效果评估的对象包括评估范围内的土壤、地下水等环境介质。

异位修复地块效果评估的对象包括评估范围内的土壤、地下水等，离场污染土壤和固体废物，以及修复过程中可能受到扰动区域的土壤、地下水等环境介质；若治理与修复过程涉及筛分，应对筛上物进行采样检测。

风险管控工程效果评估，评估对象包括评估范围内的土壤、地下水等，离场、暂存、处置的土壤、地下水等环境介质。

5.1.3 工作程序

5.1.3.1 更新地块概念模型

效果评估机构应收集地块风险管控与修复相关资料，开展现场踏勘工作，并通过与地块责任人、施工负责人、监理人员等进行沟通和访谈，了解地块调查评估结论、环境保护措施落实情况等，掌握地块地质与水文地质条件、污染物空间分布、污染土壤去向等关键信息，更新地块概念模型，为制定效果评估布点方案提供依据。

5.1.3.2 布点采样与实验室检测

布点方案包括效果评估的对象和范围、采样节点、采样周期和频次、布点数量和位置、检测指标等内容，并说明上述内容确定的依据。原则上应在修复治理实施方案编制阶段编制效果评估初步布点方案，并在地块修复治理效果评估工作开展之前，根据更新后的概念模型进行完善和更新。根据布点方案，制定采样计划，确定检测指标和实验室分析方法，开展现场采样与实验室检测，明确现场和实验室质量保证与质量控制要求。

5.1.3.3 污染地块修复效果评估

根据检测结果，评估土壤修复是否达到修复目标或可接受水平。对于土壤修复效果，可采用逐一对比和统计分析的方法进行评估，若达到修复效果，则根据情况提出后期环境监管建议，并编制修复效果评估报告，若未达到修复效果，则应开展补充修复。

5.1.3.4 提出后期环境监管建议

根据效果评估结论，提出后期环境监管建议。

5.1.3.5　编制效果评估报告

汇总前述工作内容，编制效果评估报告，报告应包括修复工程概况、环境保护措施落实情况、效果评估布点与采样、检测结果分析、效果评估结论，及后期环境监管建议等内容。

污染地块修复治理效果评估工作程序见图 5-1。

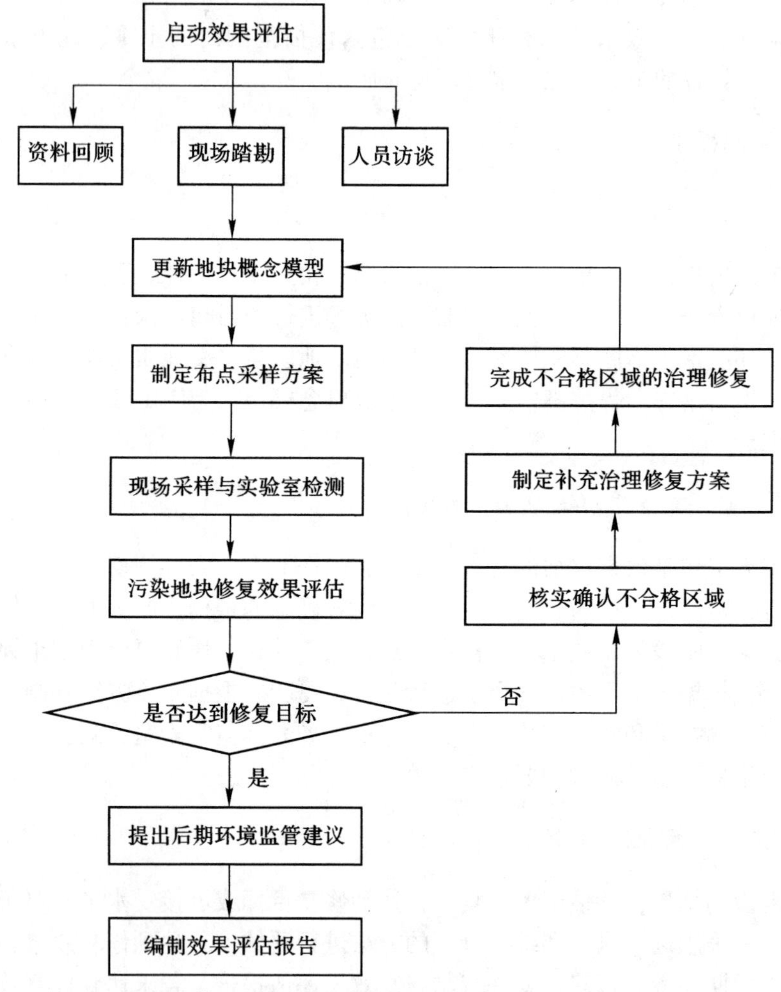

图 5-1　污染地块修复治理效果评估工作程序

5.2　效果评估的方法

修复验收时，除了进行严密的采样和实验室检测外，还需要对检测数据进行科学合理的分析，确定地块污染物是否达到验收标准，以判定地块是否达到修复效果要求。这就需要我们采取相应的评价方法。

目前常用的方法有：逐个对比法、t 检验评估法，以及 95%置信上限评估法 3 种，一般以修复目标值作为评价效果依据。根据砷污染地块修复面积、验收样品数量以及污染物浓度等，选择合适的评价方法，并根据修复目标值、显著性差异等判断修复效果。

逐个对比法相对保守，适用于修复体量和采样数量较小的情况。t 检验评估方法和 95%置信上限评估方法适用于修复体量和采样数量较大的情况。

5.2.1 逐个对比法

顾名思义，逐个对比法就是用样本检测值与修复目标值一一进行对比，来判断检测值是否达到验收标准的方法。采用逐个对比法时，只有所有样品的污染物检测值均达到验收标准，方可判定地块达到修复效果。

（1）当样本点检测值低于或等于修复目标值时，达到验收标准；

（2）当样本点检测值高于修复目标值时，未达到验收标准；

5.2.2 t 检验评估方法

t 检验是判定给定的常数是否与变量均值之间存在显著差异的常用方法。

5.2.2.1 计算方法

假设一组样本，样本数为 n，样本均值为$\overline{X}$，样本修正标准差为 S^*，利用 t 检验判定一给定值 μ_0 是否与样本均值 $\overline{X}$ 存在显著差异，步骤为：

（1）确定显著性水平，如 $\alpha=0.05$ 或 $\alpha=0.01$；

（2）计算检验统计量 $t=\dfrac{\overline{X}-\mu_0}{S^*}\sqrt{n}$；

（3）根据样本自由度和显著水平查 t 分布分位数表，确定临界 $C=t_{1-\frac{\alpha}{2}}(n-1)$；

（4）统计推断：若 $|t|>C$，即 $\mu_0>\overline{X}+C\cdot S^*/\sqrt{n}$ 或 $\mu_0<\overline{X}-C\cdot S^*/\sqrt{n}$，则给定的常数与样本均值存在显著差异；若 $|t|<C$，$\overline{X}-C\cdot S^*/\sqrt{n}\leqslant\mu_0\leqslant\overline{X}+C\cdot S^*/\sqrt{n}$，则给定的常数与样本均值不存在显著差异。

5.2.2.2 判定方法

t 检验评估方法首先要确定采样点的检测结果与修复目标的差异，然后评估地块是否达到修复效果：

（1）当样本点的检测结果显著低于修复目标值或与修复目标差异不显著，

则认为达到验收标准；

（2）若某样本点的检测结果显著高于修复目标值，则认为未达到验收标准。采用 t 检验评估方法时，只有所有样品的污染物检测值均达到验收标准，方可判定地块达到修复效果。

5.2.3　95%置信上限评估方法

5.2.3.1　计算方法

当地块污染的空间分布相对均匀或分析数据呈正态分布时，可将整个地块作为污染源（土壤或地下水），其浓度可采用污染介质所有采样点浓度的 95%置信水平上限值（UCL）作为污染源浓度进行风险计算；当地块为局部污染时，可采用局部区域的采样点浓度 95%置信水平上限值，或最大值作为污染源浓度。

95%置信水平上限值的数学含义是地块污染浓度的真实平均值等于或低于该值的概率为 95%。因此，采用 95%置信水平上限值作为污染源浓度进行风险计算，实质上是采用一种比较保守的方式来估计地块污染总体风险水平。

采用最大值作为整个地块的地块污染浓度来计算地块的总体风险，要比 95%置信水平上限值作为地块平均浓度的计算结果更为保守，最大值比较适用于风险筛选或局部污染区域的风险计算，对于大型污染地块，采用最大值计算分析风险可能过于保守。

如果地块土壤和地下水的采样样本浓度分布均匀且呈正态分布，总体的正态均值即地块污染真实平均值 CS 在置信水平为 $1-\alpha$ 下的置信上限可由下式计算：

$$CS = \overline{X} + t_{\alpha}(n-1)\frac{s}{\sqrt{n}}$$

式中　$\overline{X}$——样本平均值；

$t_{\alpha}(n-1)$——t 分布函数；

n——样本容量；

α——总体均值大于置信上限的概率，当置信水平为 95%时，α 取 0.05；

s——样本标准差，可由下式计算：

$$s = \sqrt{\frac{\sum (x-\overline{X})^2}{n-1}}$$

式中　x——样品检测值；其他参数意义同上。

5.2.3.2　判定方法

（1）当样本点检测值整体均值的 95%置信上限大于修复目标，则认为地块未达到修复效果。

（2）当地块样本点同时符合下述情况，则认为地块达到修复效果。

1）样本点检测值整体均值的95%置信上限小于或等于修复目标；

2）样本点检测值最大值不超过修复目标的两倍；

3）样本超标点不相对集中在某一区域。

对于体量较大的砷污染地块修复项目，样品数量较多且可能大部分样品中特征污染物的检测结果较低或未检出，在上述条件下进行污染物指标95%置信上限评估方法分析时，大量较低的数据往往会对整体修复情况造成“良性”影响，可能计算结果低于修复目标值，但掩盖了某些未修复达标遗漏情况，故需特别留意筛选数据中的超标点，判断上述点位是否形成相对集中的超标区域并对该区域进行针对性评估分析。

5.3 砷污染地块修复治理效果评估案例

5.3.1 地块模型概念

5.3.1.1 项目概况

云南某砷污染场地修复治理工程为中央财政土壤污染防治专项资金项目，项目总投资430万元。该地块位于冶金及轻工业园片区工业用地，受砷、铅、镉、锌等重金属污染，而不能种植庄稼而形成的荒地为重点，规划修复面积88.65万平方米，轻度污染修复面积为25.94万平方米，中度污染修复面积为22.58万平方米，重度污染修复面积为40.13万平方米。调查结果显示，土壤总量砷最大检出浓度为45.4mg/kg，最小检出浓度为7.6mg/kg，平均浓度为17.97mg/kg，平均浓度不超标，但是砷检测结果的超标率达到3.42%；铅最大检出浓度为1220mg/kg，最小检出浓度为26.6mg/kg，平均浓度为470.59mg/kg，平均浓度超标倍数为0.18，超标率达5.13%；镉最大检出浓度为26.4mg/kg，最小检出浓度为0.79mg/kg，平均浓度为8.31mg/kg，平均浓度超标0.039倍，镉检测结果的超标率为2.56%；锌最大检出浓度为4690mg/kg，最小检出浓度为157mg/kg，平均浓度为974.68mg/kg，平均浓度不超标，局部超标。风险评估结果显示需土壤重金属（砷、铅、镉、锌等元素）污染亟须治理及生态恢复，以消除环境安全隐患。

5.3.1.2 修复目标

该地块修复完成时及修复完成1年后重度、中度污染区域土壤按HJ557制备浸出液中砷、铅、镉、锌污染物浓度达到《地表水环境质量标准》（GB3838-2002）Ⅲ类标准；轻度污染区域土壤重金属砷含量低于40mg/kg、铅含量低于

400mg/kg、镉含量低于 7.2mg/kg、锌含量低于 500mg/kg；轻度污染区域按 HJ557 制备浸出液中砷、铅、镉、锌污染物浓度达到《地表水环境质量标准》（GB 3838—2002）Ⅲ类标准，符合项目所在地相关土地利用规划的总体要求。

5.3.1.3　工程内容

该修复治理项目于 2018 年 1 月项目完成公开招标工作，其中一标段、二标段治理工程分别由云南本地两家公司实施。2018 年 4 月，当地县级环境保护局委托昆明某监理公司开展工程监理工作。项目于 2018 年 3 月入场施工，于 2018 年 8 月完成工程建设。

主要的工程内容：重度污染修复区采用原位钝化+深翻法修复技术，修复面积 40.13 万平方米，修复深度约 1.0m，修复土方量 40.13 万立方米；中度污染修复区采用原位钝化+深翻法修复技术，修复面积 22.58 万平方米，修复深度约 0.5m，修复土方量 11.29 万立方米；轻度污染修复区采用原位深翻+浅层钝化修复技术，修复面积 25.94 万立方米，修复深度约 0.8m，修复土方量 20.76 万立方米；后续在原污染地块上覆土，有选择性的种植常绿的重金属耐受性植物，或能源作物，植物恢复面积约为 88.65 万立方米。

5.3.1.4　评估目的

根据相关管理文件要求，污染地块修复工程验收主要是通过考察修复后现场、修复区域采样检测分析，考核和评价治理修复后的地块是否达到在地块修复技术方案中提出的、且报生态环境部门备案批准的修复范围与修复目标。

本项工作的目的旨在通过对该修复治理工程的文件审核与现场勘查、现场采样、实验室检测，评价该区域已完成修复治理地块的修复效果。验收工作的主要目的包括：

（1）核定修复范围是否与修复方案提出的修复范围一致；

（2）修复面积、修复深度及土方量是否与修复方案一致；

（3）评估修复后的土壤是否达到修复方案中确定的目标污染物的修复目标值；

（4）二次污染防治是否达到修复方案要求，区域环境空气、地下水是否受到二次污染；

（5）评估修复范围内的生态恢复情况。

5.3.2　工程内容

5.3.2.1　修复方案

该项目修复区域总面积 88.65 万平方米，工程土方量 71.46 万立方米。根据土壤污染现状及采取的修复工艺，分为重度污染修复区、中度污染修复区、轻度污染修复区，该地块修复工程修复技术及验收标准见表 5-1。

表 5-1 工作内容及验收内容汇总

序号	治理分区	修复面积 $/\times10^4m^2$	工艺参数	工程土方量 $/\times10^4m^3$	修复效果评价方法	验收标准
1	重度污染修复区	40.13	原位钝化（添加 1%钝化剂）+深翻 1.0m	40.13	污染物浸出浓度采用逐个对比法	土壤污染物浸出液中污染物浓度达到《地表水环境质量标准》（GB 3838-2002）Ⅲ类水质标准（土壤污染物浸出浓度按照《固体废物浸出毒性浸出方法水平振荡法（HJ 557-2010）》检测）
2	中度污染修复区	22.58	原位钝化（添加 0.5%钝化剂）+深翻 0.5m	11.29	污染物浸出浓度采用逐个对比法	
3	轻度污染修复区	25.94	深翻（0.8m）均匀混合+浅层（0.4m）添加 0.2%钝化剂	20.76	浸出浓度均采用逐个对比法，污染物含量采用整体均值的 95%置信上限法判断其修复效果	土壤中污染物含量达到修复目标值（砷：40mg/kg，铅：400mg/kg，镉：7.2mg/kg，锌：500mg/kg），土壤污染物浸出液中污染物浓度达到《地表水环境质量标准》（GB 3838-2002）Ⅲ类水质标准（土壤污染物浸出浓度按照《固体废物浸出毒性浸出方法水平振荡法（HJ 557-2010）》检测）

5.3.2.2 工程完成内容

本次修复工程共计完成轻度污染区修复面积 259449m^2，修复土方量 207560m^3，施撒药剂 214.8t；中度污染区修复面积 225767m^2，修复土方量 112884m^3，施撒药剂 623.1t；重度污染区修复面积 401287m^2，修复土方量 401287m^3，施撒药剂 3146.8t；共计复垦 889837.9m^2；同时完成配套设施简易泵站 4 座、排水沟渠 3000m、监测井 3 座的建设。现场施工照片见图 5-2。

a

b

c

d

e

图 5-2　现场施工照片

a—地块测量；b—土地翻耕；c—土地深度测量；d—药剂施撒；e—土地复垦

5.3.2.3　工程监理情况

A　施工过程监理情况

该工程自 2018 年 3 月开工以来，在整个施工过程中，施工项目经理、技术负责人、施工员、质安员、试验检验人员和施工工长等主要管理人员，配备齐全、现场落实到位，经核查资格符合要求；质量管理体系、技术管理体系、质量保证体系和安全管理体系齐全，施工过程中满足工程要求；施工机械设备的数量和质量性能良好。工程所用的钝化剂、钢筋、水泥等材料进场后均严格按照规定进行质量报验或见证取样试验（检验）。施工组织设计和有关施工方案的主要内容，在过程中大部分得到了落实，现场甲方代表、监理人员和施工人员都认真地履行各自的岗位职责，做到开工复工有申请、完工竣工有报验，认真地执行了施工自检程序、质量报验程序，各方均严格执行工程强制性条文。

发出的监理工程师通知单，多数都得到了落实。在整个施工过程中无任何大的质量事故和安全事故发生，一般性质量通病（质量缺陷）在施工过程中已经得到认真的整改处理，达到了施工规范和质量标准要求。

B　工程监理评估

该监理有限公司受当地生态环境局委托，对此砷污染地块修复治理实施全过程监理。工程于 2018 年 3 月 25 日正式开工，施工单位已经按照施工承包合同约定的内容，并根据设计文件、施工图纸、图纸会审纪要及工程变更联系单，完成各项施工内容。按照建筑工程施工质量验收统一标准和现行相关施工质量验收规范，该工程已达到工程竣工验收要求。

工程监理方在进场后充分准备前期工作，包括熟悉图纸、有关设计文件和工程地质勘查报告等资料，及时编制本工程的《监理规划》和《监理实施细则》，同时认真审核施工单位的《施工组织设计》和各《专项施工方案》，主动协调工程建设各方主体间的关系。在施工过程中，从各项工作制度、程序、各方职责、原材料的控制、环境监测、原材料的验收、施工过程的控制等方面进行了全面的监督，对发现的问题及时发出口头通知或签发监理工程师通知单、质量问题检查记录等书面文件，要求施工方进行整改落实，并在收到相关回复单后及时进行复查，直至符合设计和规范等相关要求后方可进入下一道工序施工，从而保证了工程质量。

因此，工程监理方在施工过程中圆满完成监理任务，对整个修复工作起到了很好的促进作用。

5.3.2.4　工程实施情况

该项目为了保质按期顺利地完成施工任务，对整个工程进行了科学合理的区段划分。坚持“先地下、后地上”“先深后浅”“先原位钝化修复施工、后旋耕机及复垦施工”的施工原则组织施工。

（1）土壤深翻：施工过程中按要求做好各原材料的进场验收、桩位放线复核等。对轻度污染区深翻深度 40cm，中度污染区深翻 50cm，重度污染区深翻 100cm，监理部采用现场巡视、平行检验、旁站等工作方法，发现问题及时处理。监理机构进行项目预控与过程控制相结合，保证工程质量，经现场检查，均符合设计及规范要求。

（2）药剂施洒：施工过程中按要求做好各原材料的进场验收、做好钝化剂施洒均匀到位等。监理部采用现场巡视、平行检验、旁站等工作方法，发现问题及时处理。监理机构进行项目预控与过程控制相结合，保证工程质量，经现场检查，均符合设计及规范要求。

（3）排水沟工程：新建排水沟3000m。

模板：经检查验收，模板具有足够的强度、刚度、撑拉杆件固定牢固稳定；模板接缝、清洁、轴线位置、截面内部尺寸、表面平整度均符合要求。

混凝土：混凝土浇筑前对商品混凝土配合比单进行审核，符合设计要求后方同意施工单位浇筑，混凝土浇筑实行全过程监理旁站监理，并对混凝土坍落度进行抽测，对混凝土试块制作进行见证；均符合要求。

（4）监测井工程：新建监测井3座共80m深。

监理人员严格控制施工工序的质量，对钢筋、模板、轴线位置、标高、预埋件位置、隐蔽工程等在施工方自检合格的基础上进行认真复检，验收合格并签字后方准许进入下道工序施工；对关键部位、工序进行旁站监理；对钢筋原材料、焊接接头试件、试块等采取见证取样，保证试件的真实性。

（5）复垦工程：监理部采用现场巡视、平行检验、旁站等工作方法，发现问题及时处理。监理机构进行项目预控与过程控制相结合，保证工程质量，经现场检查，均符合设计及规范要求。

5.3.2.5 环境保护措施落实情况

依据《实施方案》相关要求，避免项目进行过程中带来的水、大气、固体废物、噪声等方面带来的二次污染，环境保护措施落实情况见表5-2。

表5-2 环境保护措施落实情况汇总

分类	环境影响问题	措施	落实情况	
			是	否
水环境影响	基坑废水	就地修建沉淀池进行沉淀，上清液回用洒水降尘	√	
	设备清洗水	就地修建沉淀池进行沉淀，上清液回用洒水降尘	√	
	生活污水	收集处理达标回用或回城市管网	√	
大气环境影响	施工扬尘	洒水降尘、加盖篷布、运输车辆行驶路线尽量避开居民点和环境敏感点、及时清扫、实施监测	√	
	施工机械燃油烟气和运输汽车尾气	选用环保型的施工机械设备和运输工具、加强对机械设备的养护、实时监测	√	

续表 5-2

分类	环境影响问题	措　施	落实情况	
			是	否
固体废物影响	建筑垃圾	分类堆放、分类处置	√	
	施工人员的生活垃圾	分类堆放、分类处置、由环卫统一清运，并进行处理处置	√	
	土壤清挖	确保清挖到位、分类处理、终点扫尾、清挖设备离场清扫	√	
	土壤运输	合理运输路线选择、及时清扫车厢和车轮、规范运输、线路巡查	√	
噪声污染	机械设备噪声交通噪声	尽量选用低噪声、低振动系列工程机械设备，合理安排施工时间，设备布置合理，噪声检测	√	
	交通噪声	进出施工地块应禁止鸣笛、夜间严禁使用各种产生噪声较大的机械设备，噪声检测	√	

5.3.2.6　布点与采样情况

A　土壤的监测布点与采样

（1）布点数量与位置。参考标准，该项目工程修复方式为原位修复地块，总修复面积 88.65 万 m^2，采样区域面积≥100000m^2 点位不少于 20 个。在每个控制单元内，按照采样点数量划分对应网格，每个网格内按照对角线法进行布点采样共采集 5 个样品，每个网格内分析土壤混合样 1 个。各控制单元样品及质控样品数见表 5-3。

表 5-3　各控制单元土壤样品数统计

控制单元	面积/m^2	样品数/个	原始采样点/个	现场质控样/个
重度 A1/2	44212	9	45	—
重度 A2/2	25734	5	25	1（JCB2018203-8） 2（JCB2018203-8-1）
重度 B1/4	87018	17	85	1（JCB2018203-8
重度 B2/4	151012	32	160	4（JCB2018203-8） 1（JCB2018203-8-1）

续表 5-3

控制单元	面积/m^2	样品数/个	原始采样点/个	现场质控样/个
重度 B3/4	70730	14	70	2（JCB2018203-8） 1（JCB2018203-8-1） 1（JCB2018203-9）
重度 B4/4	22601	5	25	1（JCB2018203-8-1）
重度合计	401307	82	410	14
中度 A1/3	79144	17	85	10（JCB2018203-8-1）
中度 A2/3	104973	21	105	—
中度 A3/3	41650	8	40	2（JCB2018203-8-1）
中度合计	225767	46	230	12
轻度 A	26772	5	25	—
轻度 B	37303	8	40	—
轻度 C1/2	116124	23	115	1（JCB2018203-9）
轻度 C2/2	79250	16	80	1（JCB2018203-9） 1（JCB2018203-10）
轻度合计	259449	52	260	3
总计	886523	180	900	29

注：除以上所列样品外，另外每批按 5%的比例采集现场质控平行样。

（2）检测指标。检测指标内容以实施方案中工程目标为对象，检测指标为土壤重金属总量中砷、镉、铅和锌四种重金属含量，土壤浸出液中砷、镉、铅和锌四种重金属浓度。土壤污染物总量制备和分析按照土壤样品要求方法进行。土壤浸出液制备方法需按照《固体废物浸出毒性浸出方法水平振荡法》（HJ 557-2010）制备，分析按照水和废水的检测方法进行。报告中检测数据来源于第三方检测机构。

B 地下水的监测布点与采样

（1）布点数量与位置。对于项目区域地下水：本地块并未进行地下水修复，因此，在地块污染土壤全部修复完成后开展项目区域地下水的采样，在地块东南西北四周，以及地下水流向的上游和下游分别建设 3 个地下水监测井。

各监测井采集 1 个地下水样品，地下水采样方法参照《地下水环境监测技术规范》（HJ/T 164—2004）及《场地环境监测技术导则》（HJ 25.2—2014）中相关要求。

按照《地下水环境监测技术规范》，对污染控制井隔月进行采样，分析其中目标污染物的浓度，以监测地下水是否受到污染。全年共计 6 次，时间为一年。

（2）检测指标。污染地块主要是有色金属冶炼造成的，针对有色金属冶炼行业特征污染物，选定检测指标为：pH 值、氟化物、Cu、Pb、Zn、Cd、Fe、Mn、As、Hg、六价铬共计 11 项。

（3）评估标准值。地块地下水水质评估参考执行《地下水环境质量标准》Ⅲ类标准。

5.3.3　效果评估

5.3.3.1　评估标准及评估方法

根据《污染地块风险管控与修复效果评估技术导则》（HJ 25.5—2018），该项目属于原位修复，工程目标及验收标准已获得当地生态环境局的批复，具体见表 5-4。

表 5-4　实施方案工程目标

<table>
<tr><th>序号</th><th>治理分区</th><th>修复面积 /×10⁴m²</th><th>修复效果评价方法</th><th>验　收　标　准</th></tr>
<tr><td>1</td><td>重度污染修复区</td><td>40.13</td><td>污染物浸出浓度采用逐个对比法</td><td rowspan="3">土壤污染物浸出液中污染物浓度达到《地表水环境质量标准》（GB 3838-2002）Ⅲ类水质标准（土壤污染物浸出浓度按照《固体废物浸出毒性浸出方法水平振荡法（HJ 557-2010）》检测）
土壤中污染物含量达到修复目标值（铅：400mg/kg，镉：7.2mg/kg，锌：500mg/kg，砷：40mg/kg），土壤污染物浸出液中污染物浓度达到《地表水环境质量标准》（GB 3838-2002）Ⅲ类水质标准（土壤污染物浸出浓度按照《固体废物浸出毒性浸出方法水平振荡法（HJ 557-2010）》检测）</td></tr>
<tr><td>2</td><td>中度污染修复区</td><td>22.58</td><td>污染物浸出浓度采用逐个对比法</td></tr>
<tr><td>3</td><td>轻度污染修复区</td><td>25.94</td><td>浸出浓度均采用逐个对比法，污染物含量采用整体均值的 95% 置信上限法判断其修复效果</td></tr>
</table>

5.3.3.2　土壤监测结果分析及评价

该砷污染地块修复治理工程重度污染修复区和中度污染修复区对污染物浸出浓度采用逐个对比法，所有样品浸出液浓度均达到了《地表水环境质量标准》（GB 3838—2002）Ⅲ类水质标准，即砷≤0.05mg/L，铅≤0.05mg/L，锌≤1.0mg/L，镉≤0.005mg/L。

轻度污染修复区对污染物浸出浓度采用逐个对比法，所有样品浸出液浓度均达到了《地表水环境质量标准》（GB 3838—2002）Ⅲ类水质标准，即砷≤0.05mg/L，铅≤0.05mg/L，锌≤1.0mg/L，镉≤0.005mg/L。

轻度污染修复区污染物含量有1个点位锌超过修复目标值，采用整体均值的95%置信上限法判断其修复效果，各片区样品浓度均达到了修复目标值，即砷≤40mg/kg，铅≤400mg/kg，镉≤7.2mg/kg，锌≤500mg/kg。

5.3.3.3 地下水监测结果级评价

该项目地下水监测结果显示，pH值、氟化物、Cu、Pb、Zn、Cd、Fe、Mn、As、Hg、六价铬共计11项指标均能达到《地下水环境质量标准》（GB/T 14848-2017）Ⅲ类标准限值要求。

5.3.3.4 地块修复前后效果对比

通过该项目的实施，监测结果显示修复效果明显，地块修复前后土壤浸出毒-性对比见表5-5。由于修复前土壤样品采样点位与修复后土壤采样点位不协同，此处只将所有修复前土壤样品浸出液浓度统计区间值与修复后土壤样品浸出液浓度统计区间值做一个比较。

表5-5 地块修复前后效果对比

		砷/mg·L^{-1}	铅/mg·L^{-1}	锌/mg·L^{-1}	镉/mg·L^{-1}
修复前土壤		0.019	0.012~0.046	0.01~6.84	0.001~0.117
修复后土壤	轻度污染区	<0.003	0.001~0.002	0.003~0.014	0.0001~0.0002
	中度污染区	<0.003	0.001~0.026	0.01~0.139	0.0001~0.0029
	重度污染区	<0.003	0.001~0.034	0.004~0.098	0.0001~0.0017
标准值		0.05	0.05	1.0	0.005

注：土壤污染物浸出液中污染物浓度达到《地表水环境质量标准》（GB 3838—2002）Ⅲ类水质标准（土壤污染物浸出浓度按照《固体废物浸出毒性浸出方法水平振荡法》（HJ 557—2010））。

5.3.4 地块修复效果评估结论

该砷污染地块于2018年3月25日正式开工，2018年11月1日完工。项目对该片区重金属污染工业用地进行原位修复，根据修复区污染程度，分重度污染修复区、中度污染修复区、轻度污染修复区3个区域开展修复工作，采用原位钝化+深翻法修复技术，实际总修复面积88.65万平方米，总修复土方量72.18万立方米。本阶段修复效果评估工作通过文件审核、现场勘察、评估监测等方式对修复范围内的土壤进行调查评估。

经审核施工单位《施工总结报告》和环境监理单位《环境监理总结报告》，项目修复目标污染物、修复范围和修复工程量与地块调查、地块修复实施方案基本一致，实施方案变更均按相关程序重新审查报批，工程实施过程中基本按实施方案实施，未发生重大变更，未发生环境风险事故。

修复效果评估监测共布设 181 个点位，每个点位按网格控制采集 5 个样品，采集样品 905 个，实验室分析混合样品 181 个。结果表明，重度污染修复区、中度污染修复区、轻度污染修复区经修复后，修复效果评估对象监测结果基本满足地块修复目标值要求，达到预期工程目标，修复效果良好。

5.3.5　后期环境监管建议

该项目在现场施工完成后，为了恢复区域生态环境，改善区域水土保持能力，后续应当在原污染地块上覆土有选择性地种植常绿的重金属耐受性植物或能源作物。

考虑到土壤不均质性及土壤的长期反应不明确性，不排除该地块未采样区域仍存在污染，后续应加强持续监测，规划好地块用途，防范当地居民的农作物种植，建议对地块开发做好技术交底，向后续土地使用方明确地块原污染类型、修复因子、修复区域及深度等相关内容；后期如发现疑似污染区域，应立即重新进行修复。

根据《中华人民共和国环境保护法》《土壤污染防治法》《土壤污染防治行动计划》及《土壤污染治理与修复成效技术评估指南（试行）》等法律法规及相关标准规范要求，为保障区域土壤质量和人居环境安全，本项目土壤污染治理与修复成效评估工作至少每 3 年委托第三方评估机构开展一次，可根据实际情况酌情增加。

为加强对修复后污染地块的环境监督管理，有效控制污染场地对人体健康和生态环境的风险，需建立污染地块管理办法，并公开公示，应在污染场地边界设立明显标识，表明污染物类型、存在的风险及安全注意事项。

5.4　小结

修复效果评估是建立在采样检测基础上的，因此验收采样方案的科学性、合理性，现场采样的专业性直接影响着验收效果的评估。而针对不同砷污染地块选用合适的评价方法，有助于砷污染地块监督管理的环境保护行政主管部门的工作人员更好地管理监督砷污染地块，利于后续土地流转利用。

砷污染地块的修复治理效果评估对砷污染地块的修复工作起着至关重要的作用，对政府部门的决策起着指导作用。这就要求砷污染地块的责任主体了解我国对砷污染地块的修复治理流程和相应的环保手续，并严格按照相关程序完成砷污染地块的修复治理工作及有效的修复治理效果评估。

参 考 文 献

[1] 范兴建，王海涛，孙哲，等．污染场地修复效果评价浅析［J］．资源节约与环保，2016

(04)：166~167.

[2] 董晋明．污染场地土壤修复技术与修复效果评价［J］．山西化工，2019，39（03）：195~199.

[3] 工业企业场地环境调查评估与修复工作指南（试行），环境保护部，2014（11）．

[4] 李晓光，周金倩，王岳，等．逐一对比法与统计分析法在土壤修复效果评估中的应用对比［J］．节能与环保，2019（09）：94~95.

[5]《污染地块风险管控与土壤修复效果评估技术导则（试行）》（HJ 25.5—2018）．

[6]《污染地块治理修复工程效果评估技术规范（浙江）》（HJ 25.5—2018）．